BEI GRIN MACHT SICH IHR WISSEN BEZAHLT

- Wir veröffentlichen Ihre Hausarbeit,
  Bachelor- und Masterarbeit

- Ihr eigenes eBook und Buch -
  weltweit in allen wichtigen Shops

- Verdienen Sie an jedem Verkauf

Jetzt bei www.GRIN.com hochladen
und kostenlos publizieren

Synthesenscreening Paracetamol. Vergleich verschiedener Synthesen von Paracetamol im Schullabor

Justus Maleck
Moritz Käch
Nikos Spanos

Bibliografische Information der Deutschen Nationalbibliothek:

Die Deutsche Nationalbibliothek verzeichnet diese Publikation in der Deutschen Nationalbibliografie; detaillierte bibliografische Daten sind im Internet über http://dnb.d-nb.de abrufbar.

ISBN: 9783346792532
Dieses Buch ist auch als E-Book erhältlich.

Druck und Bindung: Books on Demand GmbH, Norderstedt Germany
Gedruckt auf säurefreiem Papier aus verantwortungsvollen Quellen

Das vorliegende Werk wurde sorgfältig erarbeitet. Dennoch übernehmen Autoren und Verlag für die Richtigkeit von Angaben, Hinweisen, Links und Ratschlägen sowie eventuelle Druckfehler keine Haftung.

Das Buch bei GRIN: https://www.grin.com/document/1305801

NAWIMAT Projektarbeit

Synthesenscreening Paracetamol

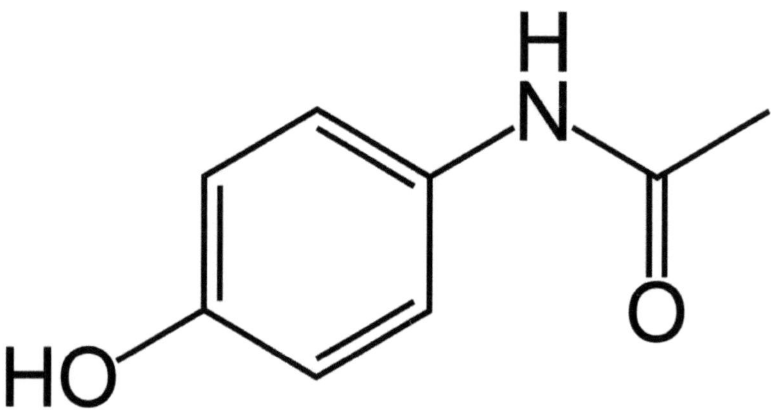

Justus Maleck, Moritz Käch, Nikos Spanos
G3E

Alte Kantonsschule Aarau
21. September 2018

Inhaltsverzeichnis

1 Abstract

Im Rahmen dieser Arbeit wurden vier verschiedene Synthesewege, Paracetamol herzustellen, in einem Synthesescreening je zweimal durchgeführt.

In einer ersten Synthese wurde Paracetamol klassisch über eine Acetylierung von p-Aminophenol über Essigsäureanhydrid hergestellt und mittels Umkristallisation und Trocknen im Exsikkator mit P_4O_{10} gereinigt. Die Ausbeute an hergestelltem weissen Pulver lag bei 62,2% und 66,2%. Die Synthese von Paracetamol wurde über Dünnschicht-Chromatographie und IR-Spektroskopie bestätigt.

In der zweiten Synthese wurde Paracetamol aus p-Aminophenol und Essigsäureanhydrid durch eine Acetylierung mithilfe einer Mikrowelle synthetisiert und durch eine Umkristallisation und dem Trocknen im Exsikkator mit P_4O_{10} gereinigt. Die Ausbeute lag bei 69,8% und 71,1%. Der Erfolg konnte durch Dünnschicht-Chromatographie und IR-Spektroskopie sowie über einen Test mit Eisen(III)-chlorid bestätigt werden.

Die dritte Synthese beruhte auf einer Béchamp-Reduktion von p-Nitrophenol über Zinn und Essigsäure, zu p-Aminophenol, welches mit der Essigsäure in einem zweiten Schritt weitersynthetisierte. Die Ausbeute lag hier bei 20,8%. Auf Erfolg geprüft wurde es wieder durch Dünnschicht-Chromatographie und IR-Spektroskopie.

In der vierten Synthese wurde Paracetamol durch eine Aminierung von Hydrochinon mittels Ammoniumacetat und eine daraufhin stattfindende Acetylierung hergestellt. Bei dieser Synthese wurde die Aufarbeitung abgebrochen, da sie als zu aufwendig angesehen wurde. Jedoch zeigte die Dünnschicht-Chromatographie, dass Paracetamol synthetisiert wurde.

2 Einleitung

2.1 Analgetika

Unter Analgetika oder auch Schmerzmitteln versteht man Medikamente, die bei Schmerzen, deren Ursache nicht sofort beseitigt werden kann, eingesetzt werden und diese lindern. Sie unterbinden die Entstehung, Weiterleitung oder Verarbeitung von Schmerzsignalen. Sie finden in der heutigen Gesellschaft einen sehr grossen Gebrauch und sind für viele Menschen unentbehrlich.

Sie lassen sich aufgrund ihres Wirkungsort in zentrale und periphere Analgetika unterteilen. Es gibt jedoch auch Analgetika, die sowohl zentral als auch peripher wirken, weshalb man auch andere Aufteilungen finden kann [1:5] [2].

2.1.1 Zentrale Analgetika

Die zentralen Analgetika greifen am zentralen Nervensystem an, weshalb sie einerseits schnell als auch stark wirken. Aus diesem Grund werden sie auch starke Analgetika genannt.

Zu den zentralen Analgetika gehören Opiate (Morphin, Codein), Morphin ähnliche und synthetisch hergestellte Präparate, die Opioide genannt werden, und andere Stoffe, die eine zentral analgetische Wirkung haben, wie zum Beispiel Ketamine [2] [3] *(Anhang Seite IV-V)*.

2.1.2 Periphere Analgetika

Im Gegensatz zu den zentralen Analgetika wirken die peripheren Analgetika nicht im Gehirn, weshalb sie nicht so stark wirken und man auch oft von schwachen Analgetika spricht. Die meisten peripheren Analgetika hemmen die Prostaglandinsynthese. Dies ist auch der Grund, weshalb viele dieser Stoffe neben ihrer analgetischen auch eine fiebersenkende und entzündungshemmende Wirkung haben.

Die Gruppe der peripheren Analgetika lässt sich in zwei weitere Untergruppen teilen: die sauren und die nicht sauren Analgetika. Zu den sauren gehören vor allem Aspirin (Acetylsalicylsäure), Coxibe und NSAR (nicht steroidales Antirheumatikum), wie zum Beispiel Ibuprofen und Voltaren.

Paracetamol und Metamizol (Novalgin) sind die einzigen in Mitteleuropa erhältlichen Vertreter der nicht sauren Analgetika und somit umso wichtiger in der Medizin [4:13] [5:437] *(Anhang Seite IV-V)*.

2.2 Paracetamol

2.2.1 Chemische Informationen

Der Name Paracetamol ist eine Abkürzung des eigentlichen chemischen Namens Para-Acetylaminophenol ($C_8H_9NO_2$). Es ist ein weisser, geruchsloser Stoff mit einem Schmelzpunkt von ungefähr 169 °C, der aus vielen kleinen Kristallen besteht *(Abb. 2.1)*.

Abbildung 2.1: *Skelettformel von Paracetamol [6].*

Paracetamol ist mit 14 g/l nur mässig gut in kaltem Wasser (20 °C) löslich. Die Löslichkeit verbessert sich jedoch enorm, sobald man das Wasser erhitzt. Zudem ist Paracetamol gut in Alkoholen und Aceton löslich [4:7] [7].

2.2.2 Medizinische Informationen

Paracetamol als Medikament ist in der Medizin ziemlich wichtig. Zusammen mit NSAR zählt Paracetamol in der Schweiz zu dem meist gebräuchlichen Analgetikum [5:437]. Wie bereits erwähnt, ist es zusammen mit Metamizol der einzige Vertreter der nicht sauren Analgetika *(Kapitel 2.1.2)*. Es gibt jedoch noch weitere Gründe, die Paracetamol einen Platz auf der WHO-Liste der unentbehrlichen Medikamente verschaffen [8:2] *(Anhang Seite IV-V)*.

Da es patentfrei herstellbar ist, ist Paracetamol preiswert. Zudem kann es in jeder Altersklasse [9:20], sowie bei schwangeren oder stillenden Frauen angewendet werden. Im Gegensatz zu vielen Arzneimittel besitzt Paracetamol keine relevanten Nebenwirkungen und beeinträchtigt die Vigilanz nicht, so dass man trotz der Einnahme von Paracetamol immer noch Auto fahren oder sonstige verantwortungsvolle Tätigkeiten ausführen kann. Auch die Blutgerinnung wird nicht beeinträchtigt.

Paracetamol kann in unterschiedlichen Formen eingenommen werden. Es ist als Tablette, Zäpfchen, Brausetablette, Saft und als Infusion in der Schweiz rezeptfrei erhältlich. [10] *(Anhang Seite IV-V)*.

Hingegen ist die therapeutische Breite von Paracetamol nicht allzu gross. Die therapeutische Breite ist der Abstand zwischen der normalen und der toxischen Dosis einer Arznei. Bei Paracetamol kann schon das Fünf- bis Zehnfache der Tagesdosis von maximal 4 Gramm zu Leberversagen und somit zum Tod führen [5:438] [7] *(Anhang Seite IV-V)*.

Paracetamol ist ein eher schwaches Analgetikum, jedoch kann durch Kombination mit anderen Stoffen, wie Coffein oder NSAR, die Wirkung potenziert werden kann [5:437]. Die Kombination von Paracetamol und Ibuprofen besitzt von allen rezeptfreien Analgetika die stärkste Wirkung *(Anhang Seite IV-V)*.

2.2.3 Wirkungsmechanismus

Die gesamte Wirkung von Paracetamol lässt sich auf mehrere Mechanismen zurückführen. Einerseits wirkt es, wie alle peripheren Analgetika, auf die Prostaglandinsynthese. Es hemmt im Rückenmark die Synthese von Cyclooxygenase-2, was daraufhin die Herstellung von Prostaglandin reduziert. Dies erklärt die entzündungshemmende und teilweise die fiebersenkende und analgetische Wirkung.

Zusätzlich wirkt Paracetamol zentral auf die Serotoninherstellung und das Endocannabinoidsystem, was auch die fiebersenkende und schmerzlindernde Wirkung erklärt. Einige Teilaspekte der Wirkung von Paracetamol sind weiterhin Bestand der Forschung [4:18-22] [7] *(Anhang Seite IV-V)*.

2.2.4 Geschichte

Paracetamol wurde erstmals 1878 von Harmon Northrop Morse synthetisiert *(Abb. 2.2)*. Eigentlich hatte er nur vor eine Béchamp-Reduktion der Nitro-Gruppe des p-Nitrophenols zu einer Amino-Gruppe mithilfe von Zinn durchzuführen. Jedoch reagierte das entstandene p-Aminophenol mit dem Katalysator Essigsäure direkt weiter zu Paracetamol, welches er Paracetylamidophenol nannte. Seinen Schmelzpunkt notierte er mit 179 °C, rund 10 °C höher als andere heutige Literaturangaben [4:7] [7] [11:232].

$$C_6H_7NO + CH_3COOH \rightarrow H_2O + C_8H_9NO_2$$

Abbildung 2.2: Reaktionsgleichung der Erstsynthese von Paracetamol gemäss H. N. Morse [11:232].

Im Jahr 1893 wurde von J. von Mering eine erste therapeutische Untersuchung angestellt. Er riet von der Benutzung des Paracetamol ab, da es Nebenwirkungen ähnlich zu denen des p-Aminophenols aufwies. Diese Nebenwirkungen waren die zu schnelle und zu starke, jedoch nicht langfristig anhaltende Wirkung und hin und wieder die Beeinträchtigung des Sauerstofftransportes, so dass es zu Sauerstoffmangel (Zyanose) kam [12:580].

Nach von Merings negativen Berichten dauerte es bis circa 1948, als Flinn, Axelrod und Brodie in einer amerikanischen Studie Paracetamol als Stoffwechselprodukt von Phenacetin entdeckten. Sie zeigten, dass die medizinische Wirkung von Phenacetin einzig auf Paracetamol zurückzuführen ist [13] [14]. Durch diese Erkenntnis kam Paracetamol 1955 als Medikament in Amerika auf den Markt. Ein Jahr später folgte in Europa das erste Paracetamol-Präparat [4:6] [15:751] [16:968].

2.3 Synthese von Paracetamol

Paracetamol lässt sich unterschiedlich synthetisieren:

- **Acetylierung von p-Aminophenol.** Dies ist der klassische Syntheseweg, den man auch häufig in Schullaboren findet. Edukte sind hier p-Aminophenol und Essigsäure.

- **Béchamp-Reduktion von p-Nitrophenol mit anschliessender Acetylierung.** So hatte damals Harmon Northrop Morse versehentlich Paracetamol hergestellt. Als Ausgangsstoffe werden p-Nitrophenol, Zinn und Essigsäure verwendet.

- **Hoechst-Celanese Prozess.** Als Grundstoff wird Phenol genommen, dass in einem dreiteiligen Verfahren zu Paracetamol umgewandelt wird. In der Industrie ist dieser Weg sehr gebräuchlich.

- **Aminierung von Hydrochinon mit Ammoniumacetat und anschliessende Acetylierung** des entstandenen p-Aminophenols mit Essigsäure.

Natürlich gibt es auch noch andere Wege, wie Paracetamol hergestellt werden kann, doch die vorangehenden sind die wichtigsten. [4:8] [11:232] [17]

2.4 Béchamp-Reduktion

Das Béchamp-Verfahren reduziert Nitroaromaten ($R–NO_2$) mithilfe von Eisen und Salzsäure zu einer Aminoaromaten ($R–NH_2$), wobei die Salzsäure als Katalysator dient *(Abb. 2.3)*. Es wurde 1854 von Antoine Béchamp entdeckt. Diese Reduktion fand grossen Gebrauch in der Industrie, da die Ausbeute sehr hoch ausfällt und nur selten Nebenprodukte entstehen. Problematisch an der Reduktion ist das Trennen der gewonnenen Amino-Verbindung vom Eisenoxidschlamm. Hingegen kann das entstandene Eisen(II,III)-oxid als Farbpigment weiterverwendet werden [18] [19] [20:31-32] [21:186].

$$4 \; C_6H_5NO_2 + 9 \; Fe + 4 \; H_2O \xrightarrow{[HCl]} 4 \; C_6H_5NH_2 + 3 \; Fe_3O_4$$

Abbildung 2.3: Reaktionsschema der Béchamp-Reduktion am Beispiel der Reduktion Nitrobenzols zu Anilin [22].

Diese Art von Reduktion kann auch mit anderen Säuren oder anderen unedlen Metallen, wie Zinn, Zink und Aluminium, durchgeführt werden [20:32] [22] [23:394-395].

2.5 Zielsetzung

Das Ziel dieser Arbeit besteht darin, durch mindestens drei verschiedene Wege das Analgetikum Paracetamol zu synthetisieren und aufzuarbeiten. Dabei soll jede Versuchsart in doppelter Ausführung durchgeführt werden.

Die jeweiligen aufarbeiteten Produkte sollen mithilfe von IR-Spektroskopie, Schmelzpunktbestimmung und Dünnschichtchromatographie als Paracetamol identifiziert und auf ihre Reinheit geprüft werden.

3 Resultate

3.1 Paracetamol über p-Aminophenol

3.1.1 Synthesevorgang

Durch eine Acetylierung von p-Aminophenol mit Essigsäureanhydrid in Wasser bei 80 °C und dem darauffolgenden Abkühlen in einem Eisbad auf 1 °C entstand eine weisse Suspension (*Abb. 3.1*).

Abbildung 3.1: Reaktionsgleichung der Synthese von Paracetamol über eine Acetylierung von p-Aminophenol [24].

Diese Suspension wurde abgenutscht und daraufhin mit Wasser umkristallisiert. Die entstandene weisse, kristalline, jedoch noch leicht feuchte Masse wurde in einem Exsikkator mit Phosphorpentoxid getrocknet *(Tab. 3.1)*.

	Versuch 1	Versuch 2
Gewicht nach Exsikkator (mit P_4O_{10})	1,88 g	2,00 g
Ausbeute	62,2%	66,2%

Tabelle 3.1: Gewicht und Ausbeute der Synthese von Paracetamol über p-Aminophenol.

3.1.2 Schmelzpunkt

Je eine Probe des hergestellten Paracetamol wurde in eine Kapillare gefüllt, von der dann mithilfe der Schmelzpunktbestimmungsmaschine «Melting Point M560» die Schmelzpunkte 169,3 °C (Versuch 1) und 169,2 °C (Versuch 2) bestimmt werden.

3.1.3 Dünnschicht-Chromatographie

Eine Dünnschicht-Chromatographie wurde angefertigt, um das Produkt als Paracetamol zu identifizieren. Die Produkte von Versuch 1 und 2, p-Aminophenol und käuflich erworbenes Paracetamol wurden in Ethanol gelöst und daraufhin mit Kapillaren auf eine DC-Platte getupft. Das

Laufmittel, welches verwendet wurde, setzt sich aus Dichlormethan, Aceton und Ameisensäure im Volumenverhältnis 90/9/1 zusammen *(Abb. 3.2)*. Die R_f -Werte wurden ebenfalls berechnet *(Tab 3.2)*.

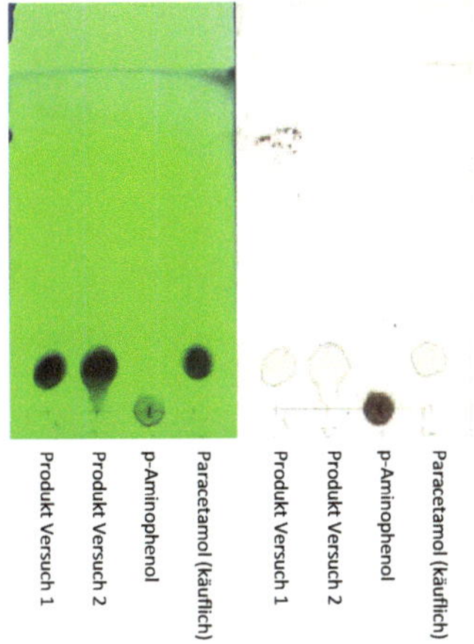

Abbildung 3.2: *DC zur Identifikation und Reinheitsbestimmung der Produkte der Synthese von Paracetamol über Acetylierung von p-Aminophenol. Der linke Teil ist ein Bild des DCs unter der UV-Lampe bei 254 nm Wellenlänge, rechts ist ein Scan des DCs, auf dem mit einem Bleistift die Strukturen eingezeichnet wurden.*

	Produkt V1	Produkt V2	p-Aminophenol	Paracetamol käuflich
R_f-Wert	$\frac{7\text{ mm}}{57\text{ mm}} \approx 0{,}12$	$\frac{7{,}5\text{ mm}}{57\text{ mm}} \approx 0{,}13$	$\frac{0\text{ mm}}{57\text{ mm}} = 0$	$\frac{8\text{ mm}}{57\text{ mm}} \approx 0{,}14$

Tabelle 3.2: *R_f-Werte der Synthese von Paracetamol mithilfe einer Acetylierung von p-Aminophenol.*

3.1.4 IR-Spektroskopie

Um das Produkt als Paracetamol zu identifizieren, wurden pro Versuch je ein IR-Spektrum über die UATR-Methode angefertigt *(Abb. 3.3 und Abb. 3.4)*.

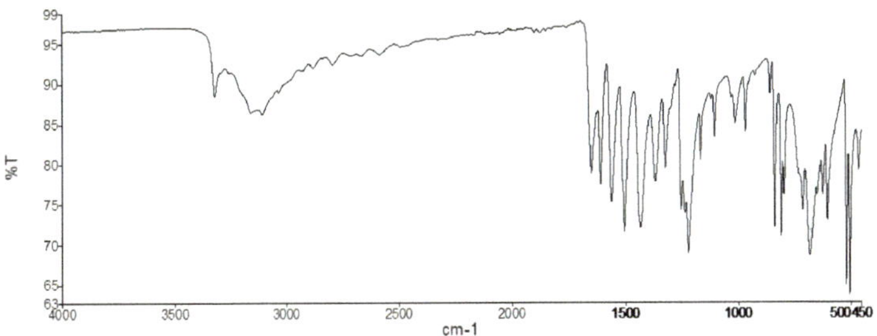

Abbildung 3.3: *IR-Spektrum des ersten Versuchs der Synthese von Paracetamol über eine Acetylierung.*

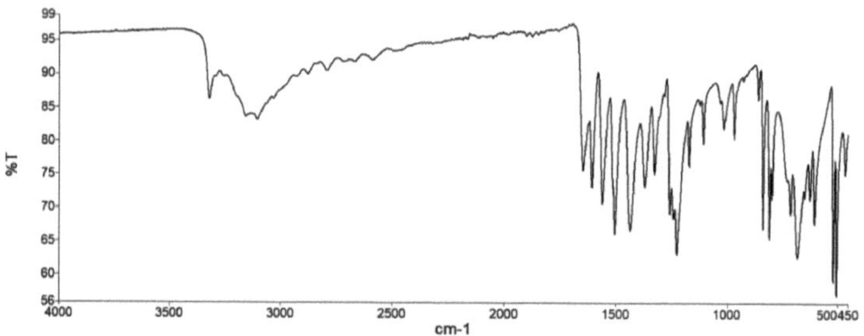

Abbildung 3.4: *IR-Spektrum des zweiten Versuchs der Synthese von Paracetamol über eine Acetylierung.*

Folgende Banden konnte man zum IR-Spektrum des ersten Versuchs *(Abb. 3.3)* zuordnen *(Tab 3.3)*. Die Banden des IR-Spektrums des zweiten Versuchs *(Abb. 3.4)* können ebenfalls so zugeordnet werden, da sich die zwei IR-Spektren darin nicht unterscheiden.

Wellenzahl/cm^{-1}	Intensität	Bindung	Schwingung
3320	schwach	N-H	streck
3110	mittel, breit	O-H	streck
1650	mittel	C=O	streck
1260	stark	arC-OH	streck
1220	sehr stark	arC-OH	streck
830	stark	arC-H	deform. out of plane
810	stark	arC-H	deform. out of plane
680	sehr stark	arC-H	deform. out of plane

Tabelle 3.3: *Zuordnung der Banden zum IR-Spektrum von Abb. 3.3 [25].*

3.2 Paracetamol über p-Aminophenol mit einer Mikrowelle

3.2.1 Synthesevorgang

Wie bei der Synthese in Kapitel 3.1 wurde hier eine Acetylierung von p-Aminophenol durchgeführt. Jedoch erhitzte man hier nicht mit einem Magnetheizrührer, sondern mit einer Mikrowelle bei 600 Watt. Danach wurde mit einem Eisbad abgekühlt und die entstandene weisse Suspension ebenfalls abgenutscht. Die Reaktionsgleichung ist dieselbe wie schon in Kapitel 3.1 *(Abb. 3.1)*.

Der Rückstand der Nutsche wurde umkristallisiert, so das erneut kleine, weisse, jedoch etwas feuchte Kristalle entstanden, die im Exsikkator mit Phosphorpentoxid getrocknet wurden *(Tab. 3.4)*. Nach der Trocknung hatten die Kristalle von Versuch 3 eine leichte Braunfärbung.

	Versuch 3	Versuch 5
Gewicht nach Exsikkator (mit P_4O_{10})	2,11 g	2,15 g
Ausbeute	69,8%	71,1%

Tabelle 3.4: Gewicht und Ausbeute der Synthese von Paracetamol über p-Aminophenol mithilfe einer Mikrowelle.

3.2.2 Schmelzpunkt

Auch hier wurden je eine Probe der Produkte in eine Kapillare verstaut und mithilfe der Maschine die Schmelzpunkte von 170,3 °C für Versuch 3 und von 170,1 °C für Versuch 5 gemessen.

3.2.3 Dünnschicht-Chromatographie

Die Produkte von Versuch 3 und 5 wurden in Ethanol gelöst und mit einer Kapillare auf eine DC-Platte getupft. Ebenso wurde auch mit p-Aminophenol und käufliches Paracetamol vorgegangen. Das Laufmittel ist bestand erneut aus Dichlormethan, Aceton und Ameisensäure (im Volumenverhältnis 90/9/1) *(Abb. 3.5)*. Die R_f -Werte wurden auch berechnet *(Tab. 3.5)*.

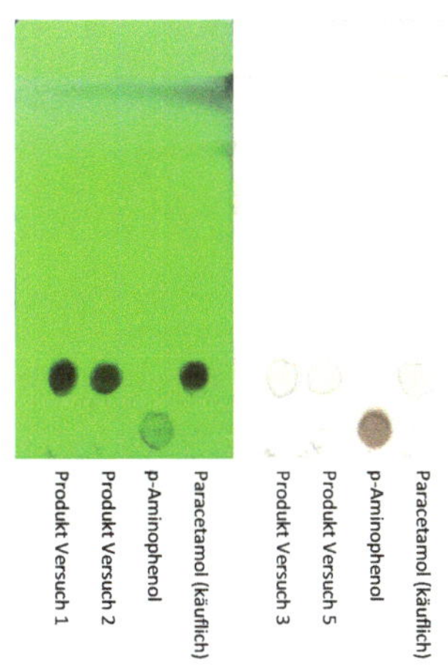

Abbildung 3.5: *Dünnschicht-Chromatographie der Synthese von Paracetamol mithilfe einer Mikrowelle. Links ist ein Bild der DC-Platte unter einer UV-Lampe bei 254 nm Wellenlänge, rechts ein Scan mit schematisch nachgezeichneten Strukturen.*

	Produkt V3	Produkt V5	p-Aminophenol	Paracetamol käuflich
R_f-Wert	$\frac{9\,mm}{60\,mm} \approx 0{,}15$	$\frac{9\,mm}{60\,mm} \approx 0{,}15$	$\frac{0\,mm}{60\,mm} = 0$	$\frac{8,5\,mm}{60\,mm} \approx 0{,}14$

Tabelle 3.5: R_f -Werte der Synthese von Paracetamol mithilfe einer Mikrowelle.

3.2.4 IR-Spektroskopie

Um das Produkt als Paracetamol zu identifizieren, wurden pro Versuch je ein IR-Spektrum mittels UATR-Methode angefertigt *(Abb. 3.6 und Abb. 3.7)*.

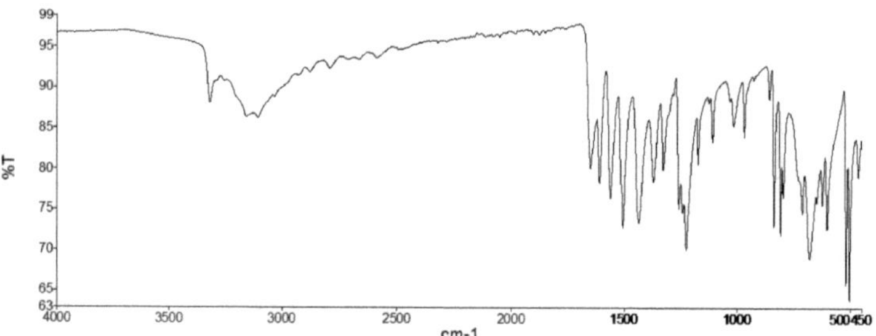

Abbildung 3.6: *IR-Spektrum des dritten Versuchs der Synthese von Paracetamol mithilfe einer Mikrowelle.*

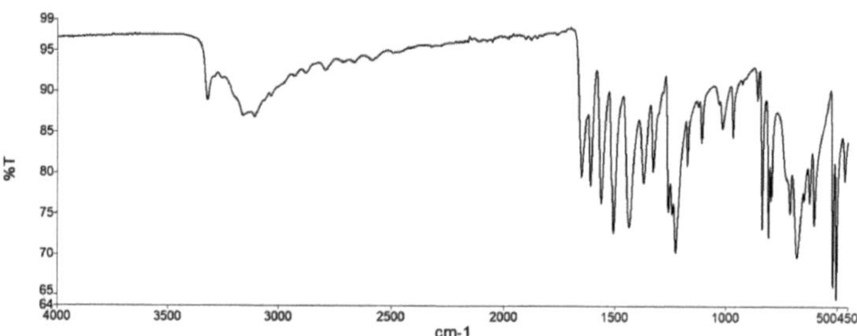

Abbildung 3.7: *IR-Spektrum des fünften Versuchs der Synthese von Paracetamol mithilfe einer Mikrowelle.*

Hier lassen sich bei beiden IR-Spektren die gleichen Banden benennen, wie schon in Kapitel 3.1, weil die IR-Spektren nahezu identisch sind *(Tab. 3.3)*.

3.2.5 Eisen(III)-chlorid Test *(Kapitel 5.1)*

Um das Produkt als Paracetamol zu identifizieren, wurde die Methode des Eisen(III)-chlorid Test auf die Produkte angewandt. Kurz nach der Hinzugabe kam es zu einer Blaufärbung bei beiden Versuchen.

3.3 Paracetamol über p-Nitrophenol

3.3.1 Synthesevorgang

Mit Zinn und Essigsäure als Katalysator reduzierte man p-Nitrophenol zu p-Aminophenol, jedoch acetylierte das p-Aminophenol mit der Essigsäure direkt weiter zu Paracetamol *(Abb. 3.8)*.

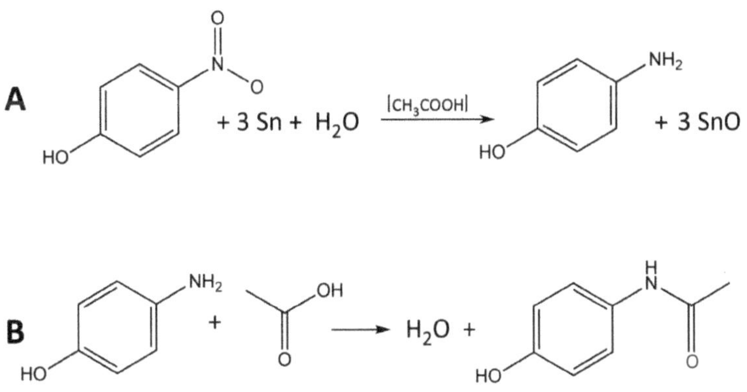

Abbildung 3.8: *Reaktionsschema der Béchamp-Reduktion der Nitro-Gruppe von p-Nitrophenol mittels Zinnes und Essigsäure als Katalysator zu p-Aminophenol (A) und die darauffolgende Acetylierung des entstandenen p-Aminophenol mit Essigsäure, um schlussendlich Paracetamol zu bekommen (B).*

Dies fand circa eine Stunde lang bei etwa 90 °C statt. Bei Versuch 1 wurde Zinnpulver verwendet, bei Versuch 2 Zinngranulat. Versuch 1 wurde nicht weiter aufarbeitet, da er sich nicht abnutschen liess. Versuch 2 wurde anschliessend eingeengt, umkristallisiert und in den Exsikkator mit Phosphorpentoxid gestellt, um zu trocknen *(Tab. 3.6)*.

	Versuch 2
Gewicht nach Exsikkator (mit P_4O_{10})	0,63 g
Ausbeute	20,8%

Tabelle 3.6: *Gewicht und Ausbeute der Synthese von Paracetamol über eine Reduktion von p-Nitrophenol nach der Trocknung im Exsikkator.*

3.3.2 Schmelzpunkt

Mit der Schmelzpunktbestimmungsmaschine wurde ein Schmelzpunkt von 166,3 °C für den zweiten Versuch gemessen.

3.3.3 Dünnschicht-Chromatographie

Um herauszufinden, ob überhaupt Paracetamol synthetisiert wurde, wurde eine Dünnschicht-Chromatographie während der Aufarbeitung angefertigt. In einer DC lief der dickflüssige Brei von Versuch 1, welcher sich am Boden abgesetzt hatte, neben p-Nitrophenol, p-Aminophenol und käuflichem Paracetamol *(Abb. 3.9-A)*. In der anderen DC lief die milchige Flüssigkeit des ersten

Versuches, die sich über dem dickflüssigen Brei angesammelt hatte, neben den gleichen Stoffen wie vorher *(Abb. 3.9-B)*.

Vom zweiten Versuch wurde eine DC während der Aufarbeitung und nach der Reinigung angefertigt. Im einen DC wurde die nicht fertig gereinigte, feuchte Masse mit einigen weissen Kristallen neben p-Nitrophenol, p-Aminophenol und käuflichem Paracetamol laufen gelassen *(Abb. 3.10-A)*. Auf der anderen DC lief das gereinigte, fertige Produkt neben den vorher genannten Chemikalien *(Abb. 3.10-B)*.

Alles (ausser die milchige Flüssigkeit aus Abb. 3.9-B) wurde vorher in Ethanol gelöst und mit Kapillaren aufgetupft und das Laufmittel bestand wieder aus Dichlormethan, Aceton und Ameisensäure im Verhältnis (90/9/1). Die R_f-Werte wurden auch berechnet *(Tab. 3.7, Tab. 3.8, Tab. 3.9 und Tab. 3.10)*.

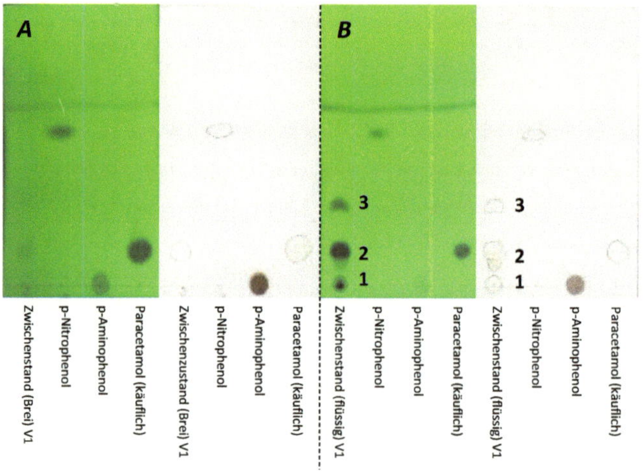

Abbildung 3.9: *Dünnschicht-Chromatographie der Synthese von Paracetamol über Reduktion von p-Nitrophenol. **(A):** Links ist ein Bild der DC des dickflüssigen Breis von Versuch 1 unter der UV-Lampe bei 254 nm, rechts ein Scan der mit Bleistift schematisch nachgezeichneten Strukturen. **(B):** Links ein Foto der DC-Platte der milchigen Flüssigkeit unter der UV-Lampe bei 254 nm, rechts ein Scan der mit Bleistift nachgezeichneten Strukturen.*

A	Zw. Stand Brei V1	p-Nitrophenol	p-Aminophenol	Paracetamol käuflich
R_f-Wert	$\frac{8\,mm}{59\,mm} \approx 0{,}14$	$\frac{37{,}5\,mm}{59\,mm} \approx 0{,}64$	$\frac{0\,mm}{59\,mm} = 0$	$\frac{9\,mm}{59\,mm} \approx 0{,}15$

Tabelle 3.7: *R_f-Werte der DC des Zwischenstandes des ersten Versuches (Abb. 3.9-A) der Synthese von Paracetamol über eine Reduktion von p-Nitrophenol.*

B	Zw. Stand flüssig V1	p-Nitrophenol	p-Aminophenol	Paracetamol käuflich
R_f-Wert	(1) $\frac{1\,mm}{56\,mm} \approx 0{,}018$ (2) $\frac{8\,mm}{56\,mm} \approx 0{,}14$ (3) $\frac{19\,mm}{56\,mm} \approx 0{,}34$	$\frac{37\,mm}{56\,mm} \approx 0{,}66$	$\frac{0\,mm}{56\,mm} = 0$	$\frac{8{,}5\,mm}{56\,mm} \approx 0{,}15$

Tabelle 3.8: R_f-Werte der DC des Zwischenstandes des ersten Versuches (Abb. 3.9-B) der Synthese von Paracetamol über eine Reduktion von p-Nitrophenol.

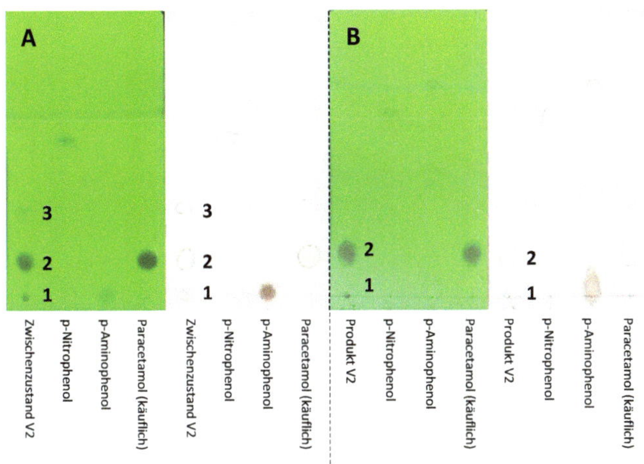

Abbildung 3.10: Dünnschicht-Chromatographie des zweiten Versuches der Synthese von Paracetamol über Reduktion von p-Nitrophenol während der Aufarbeitung (A) und nach der Reinigung (B). **(A):** Auf der linken Seite ist ein Foto der DC-Platte unter der UV-Lampe bei 254 nm. Auf der rechten Seite ist ein Scan mit schematisch nachskizzierten Strukturen. **(B):** Links ist ein Foto der DC unter Belichtung der UV-Lampe bei 254 nm Wellenlänge, rechts ein Scan dieser DC-Platte der Strukturen, die mit einem Bleistift nachgezeichnet wurden.

A	Zwischenstand V2	p-Nitrophenol	p-Aminophenol	Paracetamol käuflich
R_f-Wert	(1) $\frac{0\,mm}{59\,mm} = 0$ (2) $\frac{8{,}5\,mm}{59\,mm} \approx 0{,}14$ (3) $\frac{21\,mm}{59\,mm} \approx 0{,}37$	$\frac{37\,mm}{59\,mm} \approx 0{,}63$	$\frac{0\,mm}{59\,mm} = 0$	$\frac{9\,mm}{59\,mm} \approx 0{,}15$

Tabelle 3.9: R_f-Werte der DC des Zwischenstandes vom zweiten Versuch (Abb. 3.10-A) der Synthese von Paracetamol über eine Reduktion von p-Nitrophenol.

B	Produkt V2	p-Nitrophenol	p-Aminophenol	Paracetamol käuflich
R$_f$-Wert	(1) $\frac{0\ mm}{65\ mm} = 0$ (2) $\frac{10\ mm}{65\ mm} \approx 0,15$	$\frac{43\ mm}{65\ mm} \approx 0,66$	$\frac{0\ mm}{65\ mm} = 0$	$\frac{10,5\ mm}{65\ mm} \approx 0,16$

Tabelle 3.10: R$_f$-Werte der DC des fertigen Produktes des zweiten Versuches (Abb. 3.10-B) der Synthese von Paracetamol über eine Reduktion von p-Nitrophenol.

3.3.4 IR-Spektroskopie

Zur Identifikation und Reinheitsbestimmung wurde eine IR-Spektroskopie des zweiten Versuches mit der UATR-Methode gemacht *(Abb. 3.11)*.

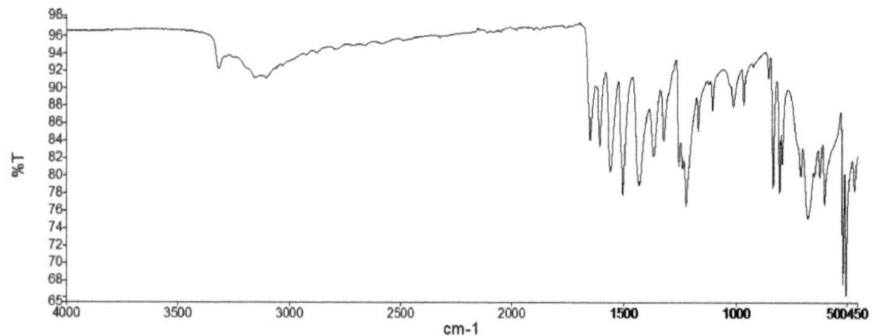

Abbildung 3.11: IR Spektrum des fertigen Produktes des zweiten Versuchs der Synthese von Paracetamol über eine Reduktion von p-Nitrophenol.

Die Banden lassen sich erneut auf dieselbe Weise zuordnen, wie in Kapitel 3.1 *(Tab 3.3)*.

3.3.5 Eisen(III)-chlorid Test *(Kapitel 5.1)*

Die Methode des Eisen(III)-chlorid Testes wurde an den Zwischenständen (nicht aufgearbeitet) der Synthesen über p-Nitrophenol angewendet. Es kam bei beiden Versuchen zu keiner Blaufärbung.

3.3.6 Natriumsulfid Test

Um zu bestimmen, ob im fertigen Produkt des zweiten Versuches noch etwas Zinn übrig ist, wurde Natriumsulfid-Lösung in die Lösung des Produktes gegeben, um eine Fällungsreaktion auszulösen. Es kam zu kleinen, dunklen Flocken in der Lösung.

3.4 Paracetamol über Hydrochinon

3.4.1 Synthesevorgang

Hydrochinon wurde mit Ammoniumacetat in Essigsäure aminiert zu p-Aminophenol. Dieses reagierte mit der Essigsäure durch Acetylierung weiter zu Paracetamol *(Abb. 3.12)*. Dieser Vorgang wurde während 22 Stunden und 30 Minuten bei 180 °C in einem Ölbad durchgeführt.

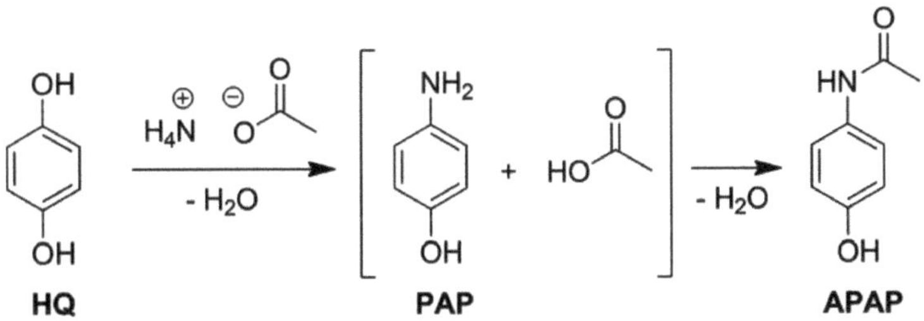

Abbildung 3.12: Reaktionsschema der Synthese von Paracetamol über Aminierung des Hydrochinons (HQ) zu p-Aminophenol (PAP), welches dann durch eine Acetylierung mit Essigsäure zu Paracetamol (APAP) weiterreagiert [17:2998].

Danach wurde die Mischung auf 0°C abgekühlt. Beide Versuche wurden bei 100mbar eingeengt und so für fünf Wochen, mit Parafilmfolie verschlossen, stehen gelassen. Es entstand eine braune Flüssigkeit in Versuch 1 und eine braune kristalline Masse in Versuch 2. Da die Aufarbeitung als zu aufwendig betrachtet wurde, wurden beide Versuche abgebrochen.

3.4.2 Dünnschicht-Chromatographie

Von beiden Versuchen wurde nach dem Einengen eine DC erstellt, um herauszufinden, ob eigentlich Paracetamol synthetisiert wurde. Als Laufmittel wurde wieder Dichlormethan, Aceton und Ameisensäure im Verhältnis der Volumina von 90/9/1 verwendet. Auf der einen DC-Platte lief der Zwischenstand von Versuch 1 (dunkelbraune, kristalline Masse) neben Hydrochinon, p-Aminophenol und käuflichem Paracetamol *(Abb. 3.13-A)*. Auf der anderen DC-Platte lief der Zwischenstand von Versuch 2 (dunkelbraune Flüssigkeit) neben den vorher genannten Stoffen (Abb. 3.13-B). Ebenfalls wurden die R_f-Werte berechnet *(Tab. 3.11 und Tab 3.12)*.

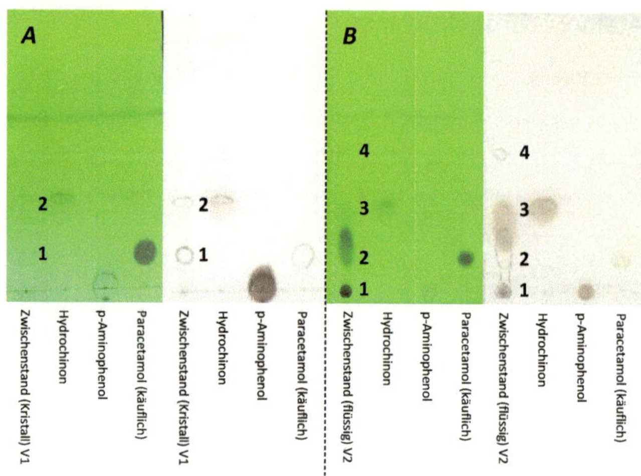

Abbildung 3.13: *Dünnschicht-Chromatographie der Synthese von Paracetamol über Aminierung von Hydrochinon während der Aufarbeitung von Versuch 1 (A) und Versuch 2 (B). **(A):** Auf der linken Seite ist ein Foto der DC-Platte unter der UV-Lampe bei 254 nm. Auf der rechten Seite ist ein Scan mit schematisch nachskizzierten Strukturen. **(B):** Links ist ein Foto der DC unter Belichtung der UV-Lampe bei 254 nm Wellenlänge, rechts ein Scan dieser DC-Platte der Strukturen, die mit einem Bleistift nachgezeichnet wurden.*

A	Zwischenstand V1	Hydrochinon	p-Aminophenol	Paracetamol käuflich
R_f-Wert	(1) $\frac{9\ \text{mm}}{62\ \text{mm}} \approx 0{,}15$ (2) $\frac{22\ \text{mm}}{62\ \text{mm}} \approx 0{,}35$	$\frac{22\ \text{mm}}{62\ \text{mm}} \approx 0{,}35$	$\frac{0\ \text{mm}}{62\ \text{mm}} = 0$	$\frac{10\ \text{mm}}{62\ \text{mm}} \approx 0{,}16$

Tabelle 3.11: *R_f-Werte der DC des Zwischenstandes vom ersten Versuch (Abb. 3.13-A) der Synthese von Paracetamol über eine Aminierung von Hydrochinon.*

B	Zwischenstand V2	Hydrochinon	p-Aminophenol	Paracetamol käuflich
R_f-Wert	(1) $\frac{0\ \text{mm}}{61\ \text{mm}} = 0$ (2) $\frac{12\ \text{mm}}{61\ \text{mm}} \approx 0{,}19$ (3) $\frac{22\ \text{mm}}{61\ \text{mm}} \approx 0{,}36$ (4) $\frac{40\ \text{mm}}{61\ \text{mm}} \approx 0{,}65$	$\frac{22\ \text{mm}}{61\ \text{mm}} \approx 0{,}36$	$\frac{0\ \text{mm}}{61\ \text{mm}} = 0$	$\frac{9{,}5\ \text{mm}}{61\ \text{mm}} \approx 0{,}16$

Tabelle 3.12: *R_f-Werte der DC des Zwischenstandes vom zweiten Versuch (Abb. 3.13-B) der Synthese von Paracetamol über eine Aminierung von Hydrochinon.*

3.4.3 Eisen(III)-chlorid Test *(Kapitel 5.1)*

Die Methode des Eisen(III)-chlorid Testes wurde auch hier auf die Zwischenstände vom ersten (dunkelbraune, kristalline Masse) und zweiten Versuch (dunkelbraune Flüssigkeit) angewendet. Die Blaufärbung blieb jedoch bei beiden Versuchen aus.

3.4.3 Eisen(III)-chlorid Test *(Kapitel 5.1)*

Die Methode des Eisen(III)-chlorid Testes wurde auch hier auf die Zwischenstände vom ersten

4 Diskussion

4.1 Paracetamol über p-Aminophenol

4.1.1 Synthesevorgang

Die weisse, kristalline Masse des Produktes weist auf eine gelungene Synthese von Paracetamol hin. Die Ausbeuten von 62,2% und 66,2% liegen über den Werten von früheren Versuchen, jedoch immer noch deutlich unterhalb einer anderen Literaturangabe von 80,1% [26] [27] [28].

4.1.2 Schmelzpunkt

Die Schmelzpunkte von 169,3 °C und 169,2 °C liegen im unteren Teil der Spannweite der Literaturwerte von 169 °C bis 172 °C [7] [28] [29].

4.1.3 Dünnschicht-Chromatographie

Die Dünnschicht-Chromatographie weist auf eine erfolgreiche Synthese von Paracetamol hin, da die R_f-Werte der Produkte sich nur gering vom Wert des käuflichen Paracetamol unterscheiden. Auch lässt sich aus der DC schliessen, dass weder p-Aminophenol, noch ein sonstiger Stoff, der im DC mitlaufen könnte, noch im Produkt vorhanden ist.

4.1.4 IR-Spektroskopie

Die zwei praktisch identischen IR-Spektren weisen generell keine Unterschiede zum Spektrum des

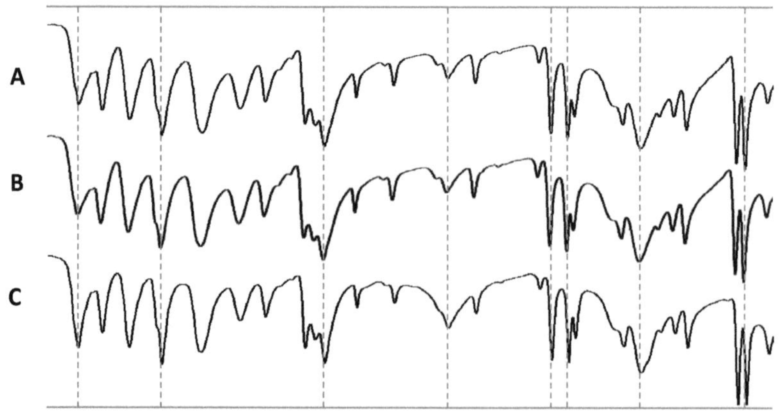

Abbildung 4.1: *Vergleich der Fingerprint-Bereiche (1700 cm⁻¹ – 450 cm⁻¹) der IR-Spektren beider Versuche der Synthese von Paracetamol über Acetylierung von p-Aminophenol mit dem IR-Spektrum von käuflichem Paracetamol.*
(A) = Versuch 1 (veränderte Abb. 3.3), (B) = Versuch 2 (veränderte Abb. 3.4), (C) = käufliches Paracetamol

käuflichen Paracetamol auf. Alle Banden treten so ziemlich an den gleichen Wellenlängen auf *(Abb. 4.1)*. Daraus lässt sich schliessen, dass tatsächlich Paracetamol synthetisiert wurde.

4.2 Paracetamol über p-Aminophenol mithilfe einer Mikrowelle

4.2.1 Synthesevorgang

Die weissen Kristalle deuten auf hin, dass das Produkt vorwiegend aus Paracetamol besteht. Die Ausbeuten von 69,8% und 71,1% liegen deutlich unter dem Literaturwert von 92,4% [30]. Dies lässt sich wahrscheinlich dadurch erklären, dass das Verfahren etwas verändert wurde. Die Konstruktion innerhalb der Mikrowelle ist anders und es wurde ohne Druckbeeinflussung synthetisiert.

4.2.2 Schmelzpunkt

Die Schmelzpunkte von 170,3 und 170,1 liegen im Bereich der Literaturwerte von 169-172 °C [7] [28] [29]. Das heisst, dass Paracetamol in hoher Reinheit synthetisiert wurde.

4.2.3 Dünnschicht-Chromatographie

Ebenso weisen hier die gleichen R_f-Werte der Produkte und des reinen Paracetamol der DC daraufhin, dass Paracetamol erfolgreich hergestellt wurde. Auch hier finden sich keine Verunreinigungen durch Stoffe, die in der DC fliessen können.

4.2.4 IR-Spektroskopie

Die identischen IR-Spektren der beiden Versuche der Synthese über Acetylierung in der Mikrowelle und die nahezu gleichen Banden weisen darauf hin, dass das Produkt Paracetamol ist *(Abb. 4.2)*.

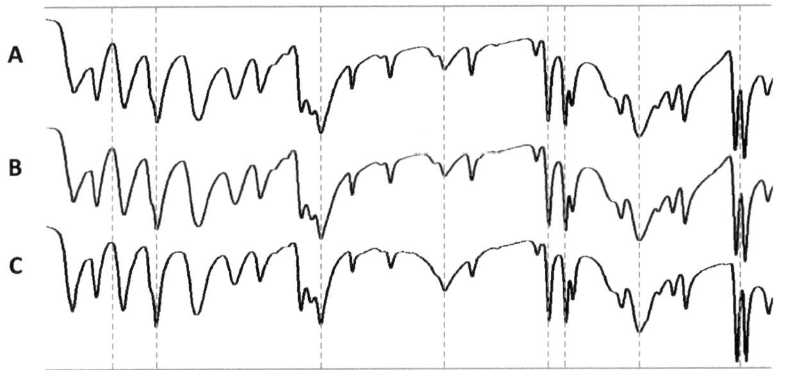

Abbildung 4.2: Vergleich der Fingerprint-Bereiche (1700 cm^{-1} – 450 cm^{-1}) der IR-Spektren beider Versuche der Synthese von Paracetamol über Acetylierung von p-Aminophenol mit dem IR-Spektrum von käuflichem Paracetamol.

(A) = Versuch 2 (veränderte Abb. 3.6), (B) = Versuch 5 (veränderte Abb. 3.7), (C) = käufliches Paracetamol

4.2.5 Eisen(III)-chlorid Test

Die Blaufärbung der zusammengeschütteten Lösung bestätigt klar, dass im Produkt Paracetamol vorhanden ist.

4.3 Paracetamol über p-Nitrophenol

4.3.1 Synthesevorgang

Das weisse, kristalline Aussehen des Produkts des zweiten Versuchs, weist auf eine erfolgreiche Synthese hin. Die Masse des Produkts hingegen betrug lediglich 0,63g, so dass sich die Ausbeute auf kleine 20,8% beläuft.

4.3.2 Schmelzpunkt

Im Vergleich zu den verwendeten Literaturwerten 169 °C - 172 °C, liegt der erhaltene Wert von 166,3°C im zweiten Synthesedurchlauf deutlich darunter. Es sind folglich noch Verunreinigungen im Produkt enthalten.

4.3.3 Dünnschicht-Chromatographie

Im Brei ähnlichen Teil des ersten Versuches, befand sich Paracetamol (R_f-Werte: Paracetamol käuflich 0.15, Produkt 0,14).

Im flüssigen Teil des ersten Versuches waren deutlichere Punkte zu erkennen. Neben Punkt 2 mit derselben Laufweite wie bei dem käuflichen Paracetamol, was auf eine erfolgreiche Synthese hindeutet, waren aber noch Verunreinigungen zu erkennen (Punkt 1: höchstwahrscheinlich p-Aminophenol Reste; Punkt 3: möglicherweise Hydrochinon, da ähnlicher R_f -Wert bei gleichem Laufmittel).

Der zweite Versuch vor der Aufarbeitung zeigte das gleiche Bild wie im ersten Versuch im flüssigen Stadium. Es wurde erfolgreich Paracetamol synthetisiert mit einem R_f-Wert von 0,14, die gleichen Verunreinigungen sind zu erkennen. Diese konnten aber durch eine erfolgreiche Aufarbeitung entfernt werden, wie in Abbildung 3.10-B zu erkennen ist.

4.3.4 IR-Spektroskopie

Die nahezu identischen IR-Spektren und gleichen Banden *(Abb. 4.3)* implizieren, dass es sich beim Produkt um Paracetamol handelt.

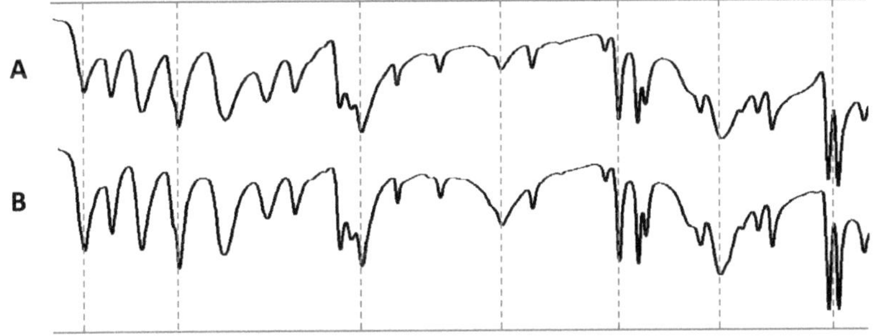

Abbildung 4.3: *Vergleich der Fingerprint-Bereiche (1700 cm^{-1} – 450 cm^{-1}) der IR-Spektren des zweiten Versuches der Synthese von Paracetamol über Reduktion von p-Nitrophenol mit dem IR-Spektrum von käuflichem Paracetamol. (A) = Versuch 2 (veränderte Abb. 3.11), (B) = käufliches Paracetamol*

4.3.5 Eisen(III)-chlorid Test

Das Ausbleiben der Blaufärbung lässt sich dadurch erklären, dass die Komplexbildung durch Essigsäure unterdrückt wird *(Kapitel 5.1)*.

4.3.6 Natriumsulfid Test

Die dunkelgrauen Flocken beim Natriumsulfid Test weisen auf eindeutige Verunreinigungen des Produktes durch Zinn hin.

4.4 Paracetamol über Hydrochinon

4.4.1 Synthesevorgang

Die braune, kristalline Masse von Versuch 1 und die braune Flüssigkeit von Versuch 2 weisen auf eine nicht gelungene Synthese von Paracetamol hin. Diese Versuche wurden nicht weiter aufgearbeitet.

4.4.2 Dünnschicht-Chromatographie

Die Dünnschicht-Chromatographie im ersten Versuch weist auf das Vorhandensein von Paracetamol hin. Dies lässt sich auch durch die nahezu gleichen R_f-Werte vom käuflichen Paracetamol und dem erhaltenen Produkt. Ausserdem ist immer noch Hydrochinon vorhanden, da die R_f-Werte von Hydrochinon und vom Zwischenstand des zweiten Versuchs (Punkt 2), identisch sind.

Die Dünnschicht-Chromatographie vom zweiten Versuch weist schwach auf das Vorhandensein von Paracetamol hin, da aber der Punkt zwei des zweiten Versuchs sowie Punkt 3 in die Länge gezogen sind, lässt sich dies nicht definitiv sagen. Ebenfalls lässt sich erkennen, dass noch Hydrochinon und p-Aminophenol vorhanden sind, weil die R_f-Werte von Hydrochinon und dem Punkt 3 des

Zwischenstands im zweiten Versuch, und die R_f-Werte von p-Aminophenol und Punkt 2 identisch sind. Der R_f-Wert vom Punkt 4 weist auf einen vierten, unbekannten Stoff hin, der bei der Reaktion zusätzlich entstanden ist. Es könnte p-Nitrophenol sein, da der Punkt 4 mit einem R_f-Wert von 0,63 bei gleichem Laufmittel einen ähnlichen Wert wie p-Nitrophenol hat.

4.4.3 Eisen(III)-chlorid Test

Das Ausbleiben der Blaufärbung der Nachweisreaktion weist auf das Fehlen von Paracetamol hin. Dies lässt sich dadurch erklären, dass die Komplexbildung von Hexaparacetamolferrat(III) durch Essigsäure, die zur Zeit des Versuchs vorhanden war, blockiert wird *(Kapitel 5.1)*.

4.5 Fazit

Abschliessend lässt sich sagen, dass das Ziel, mindestens drei Synthesen durchzuführen und aufzuarbeiten, erreicht wurde.

Es gibt jedoch einige Verbesserungsansätze, um eine höhere Ausbeute oder Reinheit zu erhalten. Diese wären die folgenden:

- Eine stärke Pumpe zum Abnutschen verwenden.
- Der Kristallisation bei der Umkristillation mehr Zeit (beispielsweise im Kühlschrank) geben.
- Bei der Umkristillation weniger Wasser verwenden.
- Die Synthese von Paracetamol über Reduktion von p-Nitrophenol hätte ohne die Verwendung von Wasser erfolgen müssen, um die Bildung von Zinn(II)-hydroxid zu vermeiden.
- Das Zinn kann durch eine Fällungsreaktion mit Natriumsulfid zu einem schwerlöslichen Salz verarbeitet werden, so dass es einfach abgenutscht werden könnte.

4.6 Ausblick

In weiteren Untersuchungen könnte der Hoechst-Celanese Prozess, der vor allem in der Pharmaindustrie verwendet wird, nachgeahmt werden. Die Hydrochinon-Synthese könnte aufgearbeitet werden, damit auch bei dieser Synthese die Ausbeute bestimmt werden könnte.

Die Reinheit der Produkte und die Identifikation könnte mit weiteren analytischen Verfahren, wie Elementaranalyse, H-NMR-Spektrum oder UV/VIS-Spektrum, bestimmt werden.

5 Experimenteller Teil

5.1 Methode zum Nachweisen von Paracetamol mit FeCl₃ [4:32-33]

In dem man Paracetamol und Eisen(III)-chlorid in Wasser zusammenmischt, entsteht das Komplex Hexaparacetamolferrat(III), das eine blaue Färbung des Wassers verursacht. Diese Komplexbildung kann durch Essigsäure, beziehungsweise einem tiefen pH-Wert unterdrückt werden.

Durchgeführt wird der Test eines Produktes nach Paracetamol, in dem man das zu testende Produkt in Wasser in einem Reagenzglas löst und etwas von der FeCl₃-Lösung (Volumenprozent: 10%) hinzugibt. Danach wird das Reagenzglas geschüttelt. Falls es zu einer Blaufärbung kommt, enthält das Produkt Paracetamol, falls nicht kann es auch sein, dass die Bildung blockiert wurde.

5.2 Synthese von Paracetamol über p-Nitrophenol [11:232] [22:397]

5.2.1 Material und Geräte

Magnetheizrührer (IKA, RCT basic), Magnetrührstäbchen, Nutsche mit Wasserstrahlpumpe, Ölbad, Thermometer, Rundkolben (250 ml), Erlenmeyerkolben (100 ml) vertikaler Rückflusskühler, **Einengungsmaschine** (461 Water Bath, Büchi AG), Faltenfilter mit passendem Trichter, **Waage** (Mettler Toledo CH, New Classic MF), **Parafilm** (Pechiney Plastic Packaging, Menasha USA), Eisbad.

5.2.2 Chemikalien

p-Nitrophenol (2,76 g, 0,02 mol)

Essigsäure (30 ml) Reinheit >99%, Carl Roth GmbH + Co. KB Karlsruhe.

Zinnpulver (7,12g = 0,07 mol) **Zinngranulat** (7,12 g = 0,07 mol)

Phosphorpentoxid, Reinheit >99%, Carl Roth GmbH + Co. KB Karlsruhe.

Wasser

5.2.3 Vorgang der Synthese, Aufarbeitung und Reinigung

2,76 g p-Nitrophenol wurde mit 30 ml Essigsäure und 7,12 g Zinn (Versuch 1: Zinnpulver, Versuch 2: Zinngranulat). Diese Mischung liess man für 70 Minuten in einem Ölbad bei 92 °C kochen. Daraufhin holte man die Kolben vom Ölbad herunter und gab jeweils 30 ml Wasser hinzu. Dieses wurde verrührt und dann versucht abzufiltrieren. Zuerst mit einer Nutsche und danach mit einem Faltenfilter, jedoch funktionierte es beide Male nicht, da die Filter relativ schnell verstopften, so dass keine Flüssigkeit mehr durchkam. Versuch 2 wurde deshalb bei 50 mbar in siedendem Wasser eingeengt.

Die beiden Versuche wurden mit Parafilm verschlossen und über die Sommerferien stehen gelassen.

Nachdem beide Versuche über die Sommerferien (vom 7. Juli bis zum 12. August) ungefähr ein Monat stehen gelassen wurden, war ein Teil des Rückstands von Versuch 2 nach dem Einengen zu kleinen weissen Kristallen auskristallisiert. Im Versuch 1 hatten sich ein dickflüssiger Brei unter einer milchigen Flüssigkeit abgesetzt. Von beiden Versuchen wurde eine Dünnschichtchromatographie angefertigt (Kapitel 5.6). Danach war ersichtlich, dass sich in beiden Versuchen Paracetamol befand.

Bei Versuch 1 wurde probiert, die milchige Flüssigkeit abzunutschen, jedoch verstopfte die Nutsche erneut relativ schnell, so dass die Aufarbeitung von Versuch 1 abgebrochen wurde und nur noch Versuch 2 weiterverfolgt wurde.

Versuch 2 wurde in 25 ml Wasser gelöst und wurde wieder milchig. In einem Ölbad bei 120 °C wurde der Rundkolben auf 75 °C erhitzt. Da beim ersten Versuch die Nutsche nicht wirklich funktioniert hat, versuchte man dieses Mal mit einem Faltenfilter zu filtrieren. Die Filterung wurde beendet, obwohl noch ein wenig Rest der Flüssigkeit im Rückstand vorhanden war, und der Rückstand weggeschmissen. Das Filtrat war jetzt durchsichtig. Die klare Flüssigkeit wurde in ein Eisbad gestellt, wo die Lösung auskristallisieren sollte, jedoch passierte nichts. Daraufhin wurde ein Impfkristall des käuflichen Paracetamol hinzugefügt und die Lösung abgedeckt mit Parafilm für 4 Tage in einen Kühlschrank gestellt.

Während der vier Tage im Kühlschrank entstanden weisse Kristalle. Die Flüssigkeit wurde jetzt abgenutscht und der Rückstand zum Trocknen in einen Exsikkator mit Phosphorpentoxid gestellt. Jedoch roch der Rückstand noch nach Essigsäure, welche der Exsikkator nicht entfernen kann. Das letztendliche weisse, kristalline Produkt war 0,63 g schwer, was einer Ausbeute von 20,8% entspricht, und roch nicht mehr allzu stark nach Essigsäure.

5.3 Synthese von Paracetamol über Hydrochinon [17]

5.3.1 Material und Geräte

Magnetheizrührer (IKA, RCT basic), Magnetrührstäbchen, Nutsche mit Wasserstrahlpumpe, Ölbad, Thermometer, Rundkolben (250 ml), Erlenmeyerkolben (100 ml) vertikaler Rückflusskühler, **Einengungsmaschine** (461 Water Bath, Büchi AG), **Waage** (Mettler Toledo CH, New Classic MF), **Parafilm** (Pechiney Plastic Packaging, Menasha USA), Faltenfilter mit passendem Trichter, Eisbad.

5.3.2 Chemikalien

Hydrochinon (2,02 g; 0,02 mol), **Ammoniumacetat** (15,42 g)

Essigsäure (6,01 g) Reinheit >99%, Carl Roth GmbH + Co. KB Karlsruhe.

Phosphorpentoxid, Reinheit >99%, Carl Roth GmbH + Co. KB Karlsruhe.

Heizöl, Wasser, Aktivkohle

5.3.3 Vorgang der Synthese

2,02 g Hydrochinon (= 0,02 mol) und 15,42 g Ammoniumacetat wurden in einem Rundkolben von 250 ml gegeben und dann in 6,01 g Essigsäure gelöst. Der Rundkolben wurde in ein Ölbad gesetzt, so dass der Flüssigkeitsspiegel im Kolben tiefer liegt als im Ölbad. Das Ölbad wurde auf einen Magnetheizrührer gestellt und der wurde auf 200 °C eingestellt. Mit einem Thermometer, das mit dem Heizrührer in Verbindung steht, wurde die Temperatur kontrolliert, so dass das Ölbad eine konstante Temperatur erhielt. Auf den Rundkolben wurde ein vertikaler Rückflusskühler gesetzt. Für 22 Stunden und 30 Minuten liess man die Lösung kochen.

Versuch 1

Nach 22 h und 30 Minuten Stunden wurde die Temperatur auf 150°C runtergedreht, weil der Inhalt des Rundkolbens sehr schwarz geworden ist. Nach einer weiteren Stunde wurde die Temperatur komplett runtergedreht auf 0°C. 2 Löffel Aktivkohle wurden zum endfärben hinzugegeben. Das Ganze wurde abfiltriert mit einem Trichter und einem Faltenfilter. Im Filter blieb die Aktivkohle zurück und im Becherglas erhielt man eine durchsichtige Lösung mit einer bräunlich/rötlichen Färbung. Diese Lösung wurde in einem Eisbad auf 0°C abgekühlt. Bei 100mbar wurde noch eingeengt soweit es ging. Zum Auskristallisieren wurde der Rundkolben mit Parafilmfolie verschlossen und fünf Wochen stehen gelassen.

Versuch 2

Die Temperatur sank irgendwann in den ersten 10 Stunden unter 200°C. Der Grund für das Absenken der Temperatur wurde nie bekannt. Nach diesen ersten 10 Stunden wurde die Temperatur dann für eine Stunde auf 150°C runtergedreht. Wie Versuch 1 hatte der Inhalt des Kolbens eine starke schwarze Färbung. Man kühlte den Rundkolben auf 0°C ab und erhielt einen braunen Brei ohne Kristalle. Der Brei wurde wieder erhitzt und man fügte 3 Löffel Aktivkohle hinzu. Beim abfiltrieren der Aktivkohle entstand wie bei Versuch 1 eine braun/rötliche und durchsichtige Flüssigkeit. Die Flüssigkeit engte man bei 100mbar soweit ein wie es ging. Zum Auskristallisieren wurde der Rundkolben mit Parafilmfolie verschlossen und fünf Wochen hingestellt.

Nach den Sommerferien wurde die Aufarbeitung als zu aufwändig angesehen, weshalb beide Versuche beendet wurden.

5.4 Synthese von Paracetamol über p-Aminophenol [32]

5.4.1 Material und Geräte

Magnetheizrührer (IKA, RCT basic), Magnetrührstäbchen, Erlenmeyerkolben (100ml), Erlenmeyerkolben (50ml), Bechergläser (50ml), Porzellannutsche mit Wasserstrahlpumpe, Filterpapier, Messpipette (5ml), Thermometer, Kritallierschale, Eisbad.

5.4.2 Chemikalien

p-Aminophenol (2.18g, 0.02 mol); Sigma-Aldrich Chemistry, St. Louis USA, Steinheim D, Quality by Riedel-deHaën, hergestellt in China.

Essigsäureanhydrid (2,4 ml, 0.02 mol); Sigma-Aldrich Chemistry, St. Louis USA, Steinheim D, hergestellt in Deutschland.

Phosphorpentoxid, Reinheit >99%, Carl Roth GmbH + Co. KB Karlsruhe.

Wasser, Eiswürfel

5.4.3 Vorgang der Synthese, Aufarbeitung und Reinigung

2.18g p-Aminophenol (0,02 mol) wurden in einen Erlenmeyer von 100ml gegeben. 4ml Wasser werden zum Erlenmeyer hinzugefügt und durch leichte Kreisbewegungen mit dem p-Aminophenol vermischt. 2.4ml Essigsäureanhydrid wurden langsam hinzugefügt, dabei löste sich das p-Aminophenol auf und die Lösung wurde warm. Der Magnetheizrührer wurde auf 120°C und 360 Umdrehungen des Magnetrührstäbchens eingestellt. Der Erlenmeyer mit der Lösung wurde auf den Magnetheizrührer gestellt und das Magnetrührstäbchen hinzugegeben. Nach einigen Minuten war das p-Aminophenol vollständig gelöst. Das restliche p-Aminophenol, das am Glass kleben geblieben war, wurde durch leichtes Bewegen des Erlenmeyer in die Lösung befördert.

Versuch 1

Bei 82°C, nach 10 Minuten und 5 Sekunden, wurde der Erlenmeyer vom Heizrührer geholt und in ein Eisbad gestellt. Gekühlt wurde er, bis der Inhalt auf 1°C runtergekühlt war. Der Inhalt wurde direkt milchig. Der Erlenmeyer wurde 4 Minuten und 10 Sekunden stehengelassen und dann abgenutscht. Mit 18.5ml Eiswasser wurde der Reströckstand im Erlenmeyer ausgewaschen und das Produkt in der Nutsche gereinigt. Der Rückstand der Nutschte wurde wieder in einen Erlenmeyer, 50ml, gegeben. Das weisse Pulver wurde mit 87°C heissem Wasser, 26ml, komplett gelöst. Der Erlenmeyer wurde wieder in das Eisbad gestellt. Bei 4°C wurde das weisse Pulver wieder abgenutscht. Das Pulver wurde in eine Kristallierschalle und dann in einen Exsikkator getan. Als Trocknungsmittel wurde Phosphorpentoxid verwendet. Das weisse kristalline Produkt war am Schluss 1,88 g schwer

Versuch 2

Bei 80°C, nach 11 Minuten und 20 Sekunden, wurde der Erlenmeyer vom Heizrührer geholt und in ein Eisbad gestellt. Wie bei Versuch 1 wurde der Erlenmeyer gekühlt, bis der Inhalt auf 1°C war. Der Inhalt wurde auch direkt milchig. 6 Minuten und 35 Sekunden wurde der Erlenmeyer stehen gelassen bevor der Inhalt abgenutscht wurde. Mit 17,5 ml Wasser wurde das Produkt gereinigt. Der Rückstand in der Nutsche wieder in einen Erlenmeyer, 50ml. Das Produkt umkristallisiert mit 25ml Wasser heissem Wasser, 87°C, das weisse Pulver löste sich komplett. Der Erlenmeyer wurde in ein Eisbad gestellt und bei 4°C wieder abgenutscht. Der Rückstand in der Nutsche wurde in einen Exsikkator über Phosphorpentoxid getrocknet. Das entstandene weisse Pulver wog 2,00 g.

5.5 Synthese von Paracetamol mithilfe einer Mikrowelle [39]

5.5.1 Material

Mikrowelle (Panasonic NN-F369W), **Waage** (Mettler Toledo CH, New Classic MF), **Parafilm** (Pechiney Plastic Packaging, Menasha USA), **Magnetheizrührer** (IKA, RCT basic), Bechergläser (65.39g, 120ml), Pillengläser mit Plastikdeckel (verschiedene Grössen), Eisbad, Schmelztiegel in Eierbechergrösse, Erlenmeyerkolben, Rundfilterpapier, Nutsche mit Wasserstrahlpumpe

5.5.2 Chemikalien

p-Aminophenol (2.18g, 0.02 mol); Sigma-Aldrich Chemistry, St. Louis USA, Steinheim D, Quality by Riedel-deHaën, hergestellt in China.

Essigsäureanhydrid (2,4 ml); Sigma-Aldrich Chemistry, St. Louis USA, Steinheim D, hergestellt in Deutschland.

Phosphorpentoxid, Reinheit >99%, Carl Roth GmbH + Co. KB Karlsruhe.

Wasser, Eiswürfel

5.5.3 Vorgang der Synthese

Bei jedem Versuch wurde das p-Aminophenol in 4 ml Wasser in einem der Pillengläser suspensioniert. Weiter wurden die 2,4 ml des Essigsäureanhydrids beigemischt. Die Vermischung der Edukte erfolgt durch leichte Kreisbewegungen des Glases. Das Pillenglas wird schlussendlich mit einem dazugehörigen Plastikdeckel verschlossen. Dem Deckel wurde noch mit einer Nadel ein Loch gestochen, um dem steigenden Luftdruck entgegenzuwirken.

Versuch 1

Das Pillenglas mit der darin enthaltenen Suspension, wurde nun in das Becherglas gestellt. Dieses wiederum wurde mit Parafilm verschlossen. Dies Konstruktion wurde aufgrund des Mangelns einer Teflonflasche, welche im ursprünglichen Versuch verwendet wurde, gewählt. Das Becherglas wurde jetzt in die Mikrowelle gestellt, welche man auf 600 Watt und zwei Minuten einstellte. Fast augenblicklich beginnt es nach Essigsäure zu stinken. Ausserdem ist ein deutliches schäumen im Pillenglas auszumachen. Nachdem die zwei Minuten verstrichen waren, wurde das Becherglas der Mikrowelle entnommen. Der Parafilm war zerrissen, wahrscheinlich durch die Ausdehnung der Luft, und die Flüssigkeit im Pillenglas schwarz. Ebenfalls war der Deckel des Pillenglases verschmort.
Die Schmelze wurde nun im Eisbad abgekühlt und kristallisiert. Die nun schwarze, gefrorene Schmelze erinnert an Öl. Dieser Versuch wurde als nicht gelungen betrachtet.

Versuch 2

Änderungen zum vorherigen Versuch: Es wurde ein grösseres Pillenglas verwendet und ebenfalls wurde diesmal kein Deckel verwendet um das Pillenglas zu schliessen, sondern ein umgedrehter Schmelztiegel in Eierbechergrösse. Es wurde kein Parafilm mehr verwendet, lediglich ein Becherglas.
Die Einstellungen der Mikrowelle, sowie der Versuchshergang waren identisch. Die entstandene Suspension war nun heller (violett bis braun). Nach 5 Minuten im Eisbad und Zugabe von 5ml destilliertem Wasser, kristallisierte sich eine harte Masse aus. Es wurde ein erfolgloser Versuch unternommen das Produkt in Aceton zu lösen, worauf das Aceton wieder weggeschüttet wurde. Bei diesem Versuch entstand vermutlich ein kleiner Verlust. In einem weiteren Schritt wurde das Produkt auf 214°C in rund 20ml Wasser erhitzt. Nach dem Abkühlen entstand ein bräunliches Produkt.

Versuch 3

Im dritten Versuch wurde das Verfahren des Zweiten wieder aufgegriffen. Jedoch wurde statt 2ml Wasser 8ml Wasser verwendet. Ausserdem wurde die Mischung auch nicht in einem Pilllenglas, sondern in einem Erlenmeyerkolben angerührt. Die Verschliessungsmethode entspricht jedoch dem aus Versuch Zwei. Der Reaktionsablauf bleibt der Gleiche, wie in den vorherigen Versuchen.
Das Wasser (5ml) wurde hier in diesem Anlauf direkt nach der Entnahme aus der Mikrowelle zugefügt. Ausserdem zwei Eiswürfel je 1cm³. Im Eisbad wurde das Produkt auf 7 °C gekühlt. Es blieb ein Rückstand im grossen Becherglas, bei dem es sich wahrscheinlich um Wasser und Essigsäure handelt. Es entstanden viele kleine naturweisse Kristalle. Das Resultat war zufriedenstellend.

Versuch 4

Dieser Versuch war eine Wiederholung des dritten Versuches. Leider ist der Tiegel, während der Synthese in der Mikrowelle, vom Erlenmeyer gesprungen. Das Resultat lässt sich mit dem des ersten Anlaufs vergleichen. Der Fehler wurde wahrscheinlich durch ungenügendes Durchmischen der Edukte hervorgerufen.

Versuch 5

Der Unterschied zwischen diesem Versuch und dem Dritten besteht darin, dass die Edukt-Suspension mit zwei Siedesteinchen, um eine weitere Überdruckreaktion zu verhindern, ausgestattet wurde. Ausserdem wurden 2.23g Essigsäure-Anhydrid verwendet und das Produkt sogar auf 2°C abgekühlt. Das Resultat entsprach dem des dritten Versuchs.

5.5.4 Aufarbeitung und Reinigung

Versuch 1

Das Produkt des ersten Versuches wurde nicht aufgearbeitet, da die Erfolgschancen, aufgrund des misslungenen Durchlaufs und der Färbung, relativ gering gesät waren.

Versuch 2

Ebenfalls, aufgrund der Färbung des Produkts und ausserdem aus Zeitgründen, wurde auch dieser Versuch nicht aufgearbeitet. Jedoch könnte es sich bei diesem Versuch um Paracetamol gehandelt haben.

Versuch 3

Der dritte Anlauf hingegen sah sehr vielversprechend aus. Deshalb wurde hier eine Aufarbeitung unternommen.

Als erster Schritt hat man die überflüssige Flüssigkeit vom Produkt getrennt. Dies erfolgte mithilfe einer Saugflasche und einer Porzellannutsche. In die Nutsche wurde ausserdem ein Rundfilterpapier gelegt. Gereinigt wurde das Ganze mit wenig Eiswasser, welches im Vorfeld vorbereitet wurde. Schlussendlich wurde das gereinigte Produkt in 15ml siedendes Wasser (85 °C) gelöst. Durch anschliessende Auskristallation in dem man in einem Eisbad auf 4 °C abkühlt, wird das Produkt in den gewünschten Endzustand gebracht.

Die leere Kristallierschale von diesem Versuch betrug 41.10g. Gefüllt stieg das Gewicht auf 43.84g, woraus man 2.74g Rohprodukt errechnen kann. Danach wurde es zur Trocknung in einen Exsikkator mit Phosphorpentoxid gestellt, wo es nach einer Woche eine leichte Braunfärbung erhielt und nur noch ein Gewicht von 2.11 g.

Versuch 4

Dieser wurde ebenfalls aufgrund seiner Färbung nicht aufgearbeitet.

Versuch 5

Auch der fünfte Versuch wurde aufarbeitet. Das Produkt wurde wie in Versuch 3 abgenutscht. Danach löste man den Rückstand in 17ml siedendem Wasser bei 89 °C. Es entstand eine farblose Lösung, die daraufhin wieder in ein Eisbad gestellt wurde, um sie bis auf 1°C abzukühlen, während der Magnetheizrührer weiterrührte, um das Verklumpen zu vermeiden.

Es wurde wieder abgenutscht und der Rückstand in den Exsikkator mit Phosphorpentoxid gestellt, damit das Produkt trocknet. So erhielt man eine weisse kristalline Masse von 2,15 g.

5.6 Schmelzpunktbestimmung

5.6.1 Material und Geräte

Einseitig verschlossene Glaskapillare, **Schmelzpunktbestimmungsmaschine** (Melting Point 560, Büchi Labortechnik AG)

5.6.2 Chemikalien

Gereinigtes Produkt der Synthese mit der Mikrowelle (Versuch 3 und 5) *(Kapitel 5.1)*.
Gereinigtes Produkt der Synthese über p-Nitrophenol (Versuch 2) *(Kapitel 5.2)*.
Gereinigtes Produkt der Synthese über Acetylierung (Versuch 1 und 2) *(Kapitel 5.4)*.

5.6.3 Vorgehen

Eine Glaskapillare (einseitig verschlossen) wurde in den zu untersuchenden Stoff getupft. Dabei füllte sich diese um etwa 2 mm. Die Kapillaren wurden darauf umgedreht und das Paracetamol vorsichtig, durch leichtes Aufklopfen, an das geschlossene Ende der Kapillare befördert. Die Proben wurden nun in die Maschine getan. Diese erhitzte schnell auf 158 °C. Von da an wurde mit 1 °C pro Minute erhitzt.

Für die Synthese über Acetylierung von p-Aminophenol erhält man so Schmelzpunkte von 169,1 °C (Versuch 1) und 169,3 °C (Versuch 2)

Für die Synthese über Acetylierung von p-Aminophenol mittels Mikrowelle erhält man so Schmelzpunkte von 170,1 °C (Versuch 3) und 170,3 °C (Versuch 5).

Für die Synthese über eine Reduktion von p-Nitrophenol erhält man so den Schmelzpunkt 166,3 °C (Versuch 2)

5.7 Eisen(III)-chlorid Test

Die Methode aus Kapitel 5.1 wurde hier auf die verschiedenen Produkte angewendet.

In der Versuchsreihe aus der Mikrowellensynthese, wurden so in Durchlauf 3 und 5, durch eine Blaufärbung, Paracetamol festgestellt.

Bei den Produkten aus den Synthesen über Nitrophenol, konnte sowohl im ersten als auch im zweiten Versuch keine Blaufärbungen ausgemacht werden.

Auch bei den Synthesen über Hydrochinon wurde keine Blaufärbung festgestellt (Versuche 1 und 2).

5.8 Natriumsulfid Test

Das Zinn sollte mithilfe einer Fällungsreaktion nachgewiesen werden. Dazu wurde Natriumsulfid, in einem Reagenzglas, in Wasser gelöst, denn das entstehende Zinn(II)-sulfid ist schwerlöslich. [33] Um die Fällungsreaktion auszulösen, wurde nun eine Spatelspitze des Produkts hinzugegeben. Augenblicklich wurden kleine dunkle Flocken sichtbar, welche absanken und sich am Boden des Reagenzglases sammelten.

Um sicher zu gehen, dass es sich nicht nur um anderweitige Verunreinigungen des Wassers oder des Paracetamol handelt, wurden vier weitere Spatelspitzen hinzugegeben. Die Flocken wurden nun deutlich sichtbar, neben einer leichten Braunfärbung des Wassers. Jedoch war es verhältnismässig immer noch eine kleine Ausfällung. Man konnte aber sicher sein, dass im erhaltenen Produkt immerhin noch kleine Mengen an Zinn enthalten sind.

5.9 Dünnschicht-Chromatographie [34]

5.9.1 Material und Geräte

Spatel, Pillenglas, kleine Chromatographiewanne mit Deckel, **DC-Platte** (à 4 cm x 8 cm) (Polygram Sil G/UV$_{254}$, Macherey Nagel, Düren Deutschland), Kapillaren, Fliesspapier, Föhn, Pinzette, **UV-Lampe** (Universal-UV-Lampe, CAMAG, Schweiz), **Waage** (Jewelry, Mettler Tolredo

5.9.2 Chemikalien

Ameisensäure, Aceton, Dichlormethan, Ethanol,

Paracetamol (Ancetalgin, Streuli), Produkte und Edukte aller Synthesen

5.9.3 Vorgehen

Von allen festen zu testenden Stoffen wurden je 10 mg abgewogen und dann in einem kleinen Pillenglas in 5 ml Ethanol gelöst. Alle schon flüssigen Stoffe wurden nicht weiter behandelt. Mit einer

Kapillare wurden die Lösungen und die restlichen Flüssigkeiten alle drei Mal auf DC-Platten getupft. Daraufhin wurden die Flecken mit einem Föhn getrocknet, bis sie nicht mehr sichtbar waren. Neben des Teststoffes wurden jeweils das Edukt, das Produkt und falls vorhanden ein Zwischenprodukt aufgetupft.

Diese DC-Platten wurden dann in kleine passende Chromatographiewannen gestellt, die 10 mm hoch mit dem Laufmittel bestehend aus Dichlormethan, Aceton und Ameisensäure (Volumenverhältnis: 90/9/1) 1cm gefüllt waren. Man konnte beobachten, wie das Laufmittel immer weiter hochstieg. Als die Lösungsmittelfront einen Zentimeter unterhalb des unteren Randes angekommen war, entnahm man die DC-Platten mit einer Pinzette und trocknete die DC-Platte mithilfe eines Föhnes.

Daraufhin wurden die DC-Platten unter der UV-Lampe bei einer Wellenlänge von 254 nm betrachtet, und die unter der UV-Lampe sichtbaren Punkte der zu testenden Stoffe wurden mit einem Bleistift markiert.

Es wurden acht verschiedene DC-Platten angefertigt, auf denen unterschiedliche Stoffe getestet wurden. Diese waren folgender Massen organisiert:

1) Produkt Mikrowelle Versuch 3 / Produkt Mikrowelle Versuch 5 / p-Aminophenol / Paracetamol
2) Produkt Praktikum Versuch 1 / Produkt Praktikum Versuch 2 / p-Aminophenol / Paracetamol
3) Zwischenstand flüssig Nitrophenol Versuch 1.1 / p-Nitrophenol / p-Aminophenol / Paracetamol
4) Zwischenstand Brei Nitrophenol Versuch 1.2 / p-Nitrophenol / p-Aminophenol / Paracetamol
5) Zwischenstand Nitrophenol Versuch 2 / p-Nitrophenol / p-Aminophenol / Paracetamol
6) Produkt Nitrophenol Versuch 2 / p-Nitrophenol / p-Aminophenol / Paracetamol
7) Zwischenstand Hydrochinon Versuch 1 / Hydrochinon / p-Aminophenol / Paracetamol
8) Zwischenstand Hydrochinon Versuch 2 / Hydrochinon / p-Aminophenol / Paracetamol

5.10 IR-Spektroskopie

5.10.1 Vorgehen und Gerät

Das verwendete Gerät heisst „Spectrum Two – FT/IR-Spectrometer" und ist von Perkin Elmer. Eine kleine Probe von dem zu testenden Stoff wird genommen und auf die IR-Platte gelegt. Falls es ein Feststoff ist, muss noch angezogen werden, jedoch bei einer Flüssigkeit nicht. Mittels UATR-Methode werden die IR Spektren aufgenommen.

IR-Spektrum Versuch 1 Synthese von Paracetamol über Acetylierung von p-Aminophenol.

$3320\ cm^{-1}$, weak / $3110\ cm^{-1}$ weak, broad / $1650\ cm^{-1}$, medium / $1610\ cm^{-1}$, medium / $1560\ cm^{-1}$ strong / $1510\ cm^{-1}$, strong / $1430\ cm^{-1}$, strong / $1370\ cm^{-1}$, medium / $1330\ cm^{-1}$, medium / $1230\ cm^{-1}$, strong / $1170\ cm^{-1}$, medium / $1110\ cm^{-1}$, medium / $1010\ cm^{-1}$, weak / $970\ cm^{-1}$, medium / $840\ cm^{-1}$, strong / $810\ cm^{-1}$, strong / $800\ cm^{-1}$, medium / $710\ cm^{-1}$, strong / $680\ cm^{-1}$, very strong / $600\ cm^{-1}$, strong / $520\ cm^{-1}$, very strong / $500\ cm^{-1}$, very strong / $460\ cm^{-1}$, medium

IR-Spektrum Versuch 2 Synthese von Paracetamol über Acetylierung von p-Aminophenol.

$3320\ cm^{-1}$, weak / $3110\ cm^{-1}$ weak, broad / $1650\ cm^{-1}$, medium / $1610\ cm^{-1}$, medium / $1560\ cm^{-1}$ strong / $1510\ cm^{-1}$, strong / $1430\ cm^{-1}$, strong / $1370\ cm^{-1}$, medium / $1330\ cm^{-1}$, medium / $1230\ cm^{-1}$, strong / $1170\ cm^{-1}$, medium / $1110\ cm^{-1}$, medium / $1010\ cm^{-1}$, weak / $970\ cm^{-1}$, medium / $840\ cm^{-1}$, strong / $810\ cm^{-1}$, strong / $800\ cm^{-1}$, medium / $710\ cm^{-1}$, strong / $680\ cm^{-1}$, very strong / $600\ cm^{-1}$, strong / $520\ cm^{-1}$, very strong / $500\ cm^{-1}$, very strong / $460\ cm^{-1}$, medium

IR-Spektrum Versuch 3 Synthese von Paracetamol über Acetylierung von p-Aminophenol mittels Mikrowelle.

$3320\ cm^{-1}$, weak / $3110\ cm^{-1}$ weak, broad / $1650\ cm^{-1}$, medium / $1610\ cm^{-1}$, medium / $1560\ cm^{-1}$ strong / $1510\ cm^{-1}$, strong / $1430\ cm^{-1}$, strong / $1370\ cm^{-1}$, medium / $1330\ cm^{-1}$, medium / $1230\ cm^{-1}$, strong / $1170\ cm^{-1}$, medium / $1110\ cm^{-1}$, medium / $1010\ cm^{-1}$, weak / $970\ cm^{-1}$, medium / $840\ cm^{-1}$, strong / $810\ cm^{-1}$, strong / $800\ cm^{-1}$, medium / $710\ cm^{-1}$, strong / $680\ cm^{-1}$, very strong / $600\ cm^{-1}$, strong / $520\ cm^{-1}$, very strong / $500\ cm^{-1}$, very strong / $460\ cm^{-1}$, medium

IR-Spektrum Versuch 5 Synthese von Paracetamol über Acetylierung von p-Aminophenol mittels Mikrowelle.

$3320\ cm^{-1}$, weak / $3110\ cm^{-1}$ weak, broad / $1650\ cm^{-1}$, medium / $1610\ cm^{-1}$, medium / $1560\ cm^{-1}$ strong / $1510\ cm^{-1}$, strong / $1430\ cm^{-1}$, strong / $1370\ cm^{-1}$, medium / $1330\ cm^{-1}$, medium / $1230\ cm^{-1}$, strong / $1170\ cm^{-1}$, medium / $1110\ cm^{-1}$, medium / $1010\ cm^{-1}$, weak / $970\ cm^{-1}$, medium / $840\ cm^{-1}$, strong / $810\ cm^{-1}$, strong / $800\ cm^{-1}$, medium / $710\ cm^{-1}$, strong / $680\ cm^{-1}$, very strong / $600\ cm^{-1}$, strong / $520\ cm^{-1}$, very strong / $500\ cm^{-1}$, very strong / $460\ cm^{-1}$, medium

IR-Spektrum Versuch 2 Synthese von Paracetamol über Reduktion von p-Nitrophenol.

$3300\ cm^{-1}$, weak / $3100\ cm^{-1}$ weak, broad / $1650\ cm^{-1}$, medium / $1610\ cm^{-1}$, medium / $1560\ cm^{-1}$ strong / $1510\ cm^{-1}$, strong / $1430\ cm^{-1}$, strong / $1370\ cm^{-1}$, medium / $1330\ cm^{-1}$, medium / $1220\ cm^{-1}$, strong / $1170\ cm^{-1}$, medium / $1110\ cm^{-1}$, medium / $1010\ cm^{-1}$, medium / $970\ cm^{-1}$, weak / $840\ cm^{-1}$, strong /

810 cm⁻¹, strong / 800 cm⁻¹, medium / 710 cm⁻¹, strong / 680 cm⁻¹, very strong / 600 cm⁻¹, strong / 520 cm⁻¹, very strong / 500 cm⁻¹, very strong / 460 cm⁻¹, strong

Anhang

Quellenverzeichnis

[1]   DJAHANGIR, Armin, 2013, Schmerzmittel: Geschichte, Funktion und Forschung, Norderstedt, GRIN Verlag.

[2]   SPEKTRUM, 2000, Lexikon der Neurowissenschaft: Analgetika, URL: www.spektrum.de/lexikon/neurowissenschaft/analgetika/582, besucht am 12.9.18.

[3]   LIECHTI, Matthias E., 2014, Pharmakologie von Schmerzmitteln für die Praxis – Teil 2: Opioide, in: Swiss Medical Forum, 14. Jahrgang, Seiten 460 – 464.

[4]   BOZAK, Robert, 2010, Paracetamol: Anilinderivat und Analgetikum, Norderstedt, GRIN Verlag.

[5]   LIECHTI, Matthias E., 2014, Pharmakologie von Schmerzmitteln für die Praxis – Teil 1: Paracetamol, NSAR und Metamizol, in: Swiss Medical Forum 14. Jahrgang, Seiten 437 – 440.

[6]   NEUROTIKER, 2007, Wikimedia: Struktur von N-Acetyl-p-Aminopehnol, URL: https://de.wikipedia.org/wiki/Datei:N-Acetyl-p-aminophenol.svg, besucht am 13.9.18.

[7]   CHEMIE.DE, Paracetamol, URL: www.chemie.de/lexikon/Paracetamol.html, besucht am 12.9.18.

[8]   WHO, 2017, WHO Modal List of Essential Medicines, 20th Edition, URL: apps.who.int/iris/ bitstream/handle/10665/273826/EML-20-eng.pdf?ua=1, besucht am 13.9.18.

[9]   WEHLING, M., 2013, Paracetamol: Wirksam und sicher bis ins hohe Alter, in: Schmerz, 27. Jahrgang, Seiten 20 – 25.

[10]   SPEKTRUM, 2000, Lexikon der Neurowissenschaft: Paracetamol, URL: www.spektrum.de/lexikon/neurowissenschaft/paracetamol/9458, besucht am 12.9.18.

[11]   MORSE, Harmon Northrop, 1878, Ueber eine neue Darstellungsmethode der Acetylamidophenole, in: Berichte der Deutschen Chemischen Gesellschaft, 11. Jahrgang, Seiten 232 – 233.

[12]   VON MERING, J., 1893, Beiträge zur Kenntnis der Antipyretika, in: Therapeutische Monatshefte, 7. Jahrgang, Seiten 577 – 587.

[13]   FLINN, Frederick B., BRODIE, Bernard B., 1948, The effect on the pain threshold of N-acetyl p-Aminophenol, in: Journal of Pharmacology and Experimental Therapeutics, 90th Volume, Seiten 76-77.

[14]   BRODIE, Bernard B., AXELROD, Julius, 1949, The fate of Acetophenetidin (Phenacetin) in man, in: Journal of Pharmacology and Experimental Therapeutics, 94th Volume, Seiten 58-67.

[15]   ARANOFF, David M., 2002, Aspirin and Reye's Syndrome: Discovery of Aspirin and Paracetamol, in: Drug Safety, Volume 25, Seite 751.

[16]   FROMMEL, E., u.a., 1953, Le N-acetyl p-aminophénol, in: Praxis, 42. Jahrgang, Seiten 968 – 972.

[17]   JONCOUR, Roxan, u.a., 2014, Amidarion of phenol derivates: a direct synthesis of paracetamol (acetaminophen) from hydroquinone, in: Green Chemistry, Volume 16, Seiten 2997 – 3002.

[18]	KOHLENSTOFF, 2009, Béchamp-Reduktion, URL: http://illumina-chemie.de/b%E9champ-reduktion-t2003.html, besucht am 15.9.18.

[19]	SPEKTRUM, 1998, Lexikon der Chemie: Béchamp-Reduktion, URL: www.spektrum.de/lexikon/chemie/bechamp-reduktion/954, besucht am 15.9.18.

[20]	GINDRO, Enrico, 2002, Kinetik und Reaktionsmechanismus der Reduktion von Nitroaromaten mit Hydrazinhydrat und Ferrihydrit, URL: https://doi.org/10.3929/ethz-a-004444840, besucht am 15.9.18.

[21]	BÉCHAMP, Antoine Jaques, 1854, De l'action des photosels de fer sur la nitronaphtaline et la nitrobenzine. Nouvelle méthode de formation des bases organiques artificielles de Zinin, in: Annales de Chimie et de Physique, 42. Jahrgang, Seiten 186 – 196, URL: https://gallica.bnf.fr/ark:/12148/bpt6k347830.image.f185, besucht am 15.9.18.

[22]	WILLIG, Hans-Peter, 2011, Béchamp-Reduktion, URL: https://www.chemie-schule.de/KnowHow/Béchamp-Reduktion, besucht am 15.9.18.

[23]	MÜLLER, Peter, u.a., 2014, Houben-Weyl Methods of Organic Chemistry: Amines I, Volume XI/1, 4th Edition, Stuttgart, Georg Thieme Verlag.

[24]	HÄUPTLI, Dominique, ACKLE, Fabian, WIDMER, Lorenz, Laborbericht über die Synthese von Paracetamol, URL: class.g10e.ch/static/paracetamol, besucht am 19.9.18.

[25]	PRETSCH, Clerk, SEIBL, Simon, 1976, Tabellen zur Strukturaufklärung organischer Verbindungen mit spektroskopischen Methoden, Berlin, Springer Verlag.

[26]	MALECK, Justus, SUDA, Ruben, 2017, Synthese von Paracetamol. (Unveröffentlichtes Manuskript, Alte Kantonschule Aarau)

[27]	SPANOS, Nikos, KÄCH, Moritz, 2018, Synthese von Paracetamol. (Unveröffentlichtes Manuskript, Alte Kantonsschule Aarau)

[28]	TOBYCHEMIE, 2009, Synthese von p-Acetylaminophenol, URL: https://illumina-chemie.de/paracetamol-t1775.html, besucht am 20.9.18.

[29]	WIKIPEDIA, Paracetamol, URL: de.wikipedia.org/wiki/Paracetamol, besucht am 20.9.18.

[30]	UNIVERSITÄT HAMBURG, 2016, Gefahrstoff-Datenbank: Paracetamol, URL: www.chemie.uni-hamburg.de/claks/gefahrstoffe/103-90-2.htm, besucht am 20.9.18.

[31]	ULARIO, Tudor, u.a., 2014, Alternative Synthesis of Paracetamol and Aspirin under Non-conventional Conditions, in: Revista de Chimie, Volume 65, Seiten 633-635.

[32]	GHISLETTA, Michele, 2017, CPNEXP.3 Synthese von Paracetamol. (Unveröffentlichtes Manuskript, Alte Kantonsschule Aarau)

[33]	WIKIPEDIA, Zinn(II)-sulfid, URL: de.wikipedia.org/wiki/Zinn(II)-sulfid, besucht am 21.9.18.

[34]	GHISLETTA, Michele, 2017, CPNEXP.6 Dünnschicht-Chromatographie. (Unveröffentlichtes Manuskript, Alte Kantonsschule Aarau)

Danksagung

Im Namen von uns allen bedanken wir uns recht herzlich bei der Alten Kantonschule Aarau, insbesondere bei Dr. Michele Ghisletta und Jasmina Marjanovic, für die Bereitstellung der benötigten Chemikalien, Geräte und Räume. Zusätzlich geht noch ein grosses Dankeschön an Dr. Michele Ghisletta, der uns während dieser Arbeit immer mit Rat zur Hilfe stand.

Ebenfalls ein Dankeschön an unsere Eltern und Justus' Bruder, welche die Arbeit auf stilistische und grammatikalische Fehler durchgelesen haben.

Interview mit Dr. med. Wolfgang Maleck, Facharzt für Anästhesie

Sie haben oft mit Analgetika zu tun. Wie oft?

Jeden Tag.

Wie lassen sich Analgetika klassifizieren? Können Sie je einige reichlich gebrauchte Vertreter nennen?

Analgetika lassen sich klassifizieren in starke (zentrale) Analgetika und schwache (periphere) Analgetika. Zentrale Analgetika wirken auf das Gehirn und sind daher schnell und stark. Periphere Analgetika eben nicht, weshalb sie schwächer wirken.

Die meisten starken Analgetika sind sogenannte Opioide. Das heisst Substanzen, die in ihrer Wirkung und teils auch ihrer Struktur den Wirkungsstoffen der Opiumpflanze (Mohn) ähneln oder direkt aus ihr gewonnen werden, wie zum Beispiel Morphium und Kodein. Es gibt aber auch andere zentral wirkende Analgetika, wie beispielsweise Ketamine. Auch die Wirkstoffe der Hanfpflanze haben eine zentrale Wirkung, jedoch sind die Nebenwirkungen im Vergleich zu anderen Analgetika zu heftig. Auch Koffein ist ein analgetisches Mittel, das aber auch zu viele Nebenwirkungen (Herzrasen und Nervosität) hat. Den zentralen Analgetika gemeinsam ist, dass sie hauptsächlich im zentralen Nervensystem wirken und daher weder fiebersenkend noch entzündungshemmend wirken.

Die meisten schwachen bzw. peripheren Analgetika sind Hemmstoffe der Prostaglandinsynthese. Sie wirken daher antientzündlich, fieberhemmend und analgetisch. Es gibt zwei Hauptgruppen. Einerseits die sauren Analgetika mit drei Unterarten: Aspirin, NSAR (Ibuprofen, Voltaren) und Coxibe. Zweitens die nicht sauren Analgetika, von denen momentan in Mitteleuropa nur Paracetamol und Metamizol auf dem Markt erhältlich sind.

In Folge der peripheren Wirkung verursachen die schwachen Analgetika keine berauschende (daher auch keine süchtig machende) oder das Denken beeinträchtigende Wirkung. Neben den sauren und nicht sauren Analgetika bewirkt auch Kortisol eine analgetische periphere Wirkung, wobei es ebenfalls zu starken Nebenwirkungen kommt

Alle gebräuchlichen Analgetika werden synthetisch hergestellt.

Wie wichtig ist Paracetamol als Analgetika?

Paracetamol steht mit gutem Grund auf der WHO-Liste der unentbehrlichen Medikamente. Die Gründe sind die folgenden:

- Es ist patentfrei und einfach herstellbar, so dass es preiswert ist.
- Es ist in allen Altersklassen anwendbar, ebenfalls bei Schwangeren und Stillenden. Letzteres ist keine Selbstverständlichkeit.

- Es besitzt praktisch keine relevanten Nebenwirkungen und auch keine Gegenanzeigen (Krankheitsbilder, bei denen man kein Paracetamol gebrauchen darf). Einzige Ausnahmen sind schwere Leberschäden und logischerweise eine Paracetamol-Allergie.
- Paracetamol existiert als Tablette, Zäpfchen, Brausetablette, Saft und als Infusion. Auch dies ist für Arznei nicht selbstverständlich.
- Paracetamol beeinträchtigt nicht die Fahrtauglichkeit. Das heisst, man kann nach der Einnahme von Paracetamol immer noch Auto fahren (oder andere verantwortungsvolle Aufgaben erledigen). Dies ist auch bei rezeptfreien Analgetika nicht selbstverständlich.
- Die Blutgerinnung wird ebenfalls nicht beeinträchtigt

Darüber hinaus ist Paracetamol in Mitteleuropa und den meisten anderen Ländern rezeptfrei erhältlich. Mir fällt zumindest gerade kein Land ein, in dem es nicht rezeptfrei erhältlich ist.

Ein Nachteil ist sicherlich die geringe therapeutische Breite (Verhältnis zwischen der tödlichen und der wirksamen Dosis). Bereits die fünffache Tageshöchstdosis von 4 Gramm kann, wenn auf einmal genommen, ein Leberversagen auslösen. Jedoch müsste man dazu 40 Tabletten der üblichen Tabletten nehmen. Dies ist sicherlich kein Spass und auch versehentlich nicht wirklich möglich. Suizidale Vergiftungen kommen sehr selten vor.

Auch ist Paracetamol für sich alleine kein besonders stark wirkendes Analgetikum. Es ist aber bekannt, dass Kombinationen mit Opioiden, Koffein oder NSAR die Wirkung erheblich steigern. Die Kombination zwischen Paracetamol und Ibuprofen besitzt momentan die unter allen rezeptfrei erhältlichen Medikamenten die stärkste Wirkung. Die hat eine vor kurzem erschienene Metaanalyse bewiesen. Diese Kombination benutzen wir auch oft in der Klinik.

Wie wirkt denn Paracetamol?

Zunächst einmal wirkt Paracetamol hemmend auf die Prostaglandinsynthese. Für diese Erkenntnis erhielt Vane einen Nobelpreis. Ich weiss leider nicht mehr wann genau. Dies müssen Sie selber nachschauen. Aber dies erklärt die fiebersenkende, antientzündliche und einen Teil der analgetischen Wirkung von Paracetamol. Paracetamol hat jedoch auch schwache zentrale Wirkungen, die bis jetzt noch nicht ganz verstanden worden sind, insbesondere im Serotonin- und Endocannabinoid-System.